W0253541

Carl Volk

Das Maschinenzeichnen des Konstrukteurs

Achte Auflage

Herausgegeben von
Dr.-Ing. Karl Erich Volk
Essen

Mit 254 Abbildungen

Berlin
Springer-Verlag
1945

ISBN-13: 978-3-642-89139-7 e-ISBN-13: 978-3-642-90995-5
DOI: 10.1007/978-3-642-90995-5

Vorwort zur siebenten und achten Auflage.

In den Jahren, die seit dem Erscheinen der sechsten Auflage vergangen sind, haben sich die Grundsätze und Vorschriften, die für den einzelnen zeichnenden Konstrukteur gelten, nur wenig geändert. Gewaltig geändert aber haben sich die Aufgaben, die an die Gemeinschaft der Konstrukteure herantreten. Die Aufgaben sind nicht nur zahlreicher, sondern auch schwieriger geworden und sollen in kürzester Zeit erledigt werden. Man hat wieder die Bedeutung der schöpferisch tätigen Ingenieure erkannt und man muß, da deren Zahl nicht ausreicht, für geeigneten Nachwuchs sorgen und den persönlichen Leistungswillen und die Leistungsfähigkeit der heute Schaffenden in jeder Weise erhöhen. Dazu wird es notwendig sein, die zeichnerischen Arbeiten noch besser zwischen den Konstrukteuren und ihren Helfern zu verteilen. Wir kommen zu einer neuen Gliederung innerhalb der Gefolgschaft und zu einer Arbeitsteilung auf dem Gebiet des Maschinenzeichnens, welche den erfolgreichen Einsatz angelernter Hilfskräfte ermöglicht. Das „Maschinenzeichnen des Konstrukteurs" war ursprünglich für den jungen Konstrukteur bestimmt. Auch während der Praktikantenzeit und während des Studiums sollte es immer wieder auf den Zusammenhang zwischen **Zeichnung** und **Werkstück**, zwischen Büro und Betrieb hinweisen. Gerade in diesem Sinne wird es in der Hand der leitenden Ingenieure jetzt zu einem Hilfsbuch, das sich bei der Anlernung der Zeichner vielfach bewährt hat und durch zahlreiche einfache Skizzen auch den in den Werkstätten tätigen Anlernlingen das „Lesen" der Zeichnungen erleichtert. Auch bei den von den Facharbeitern ausgehenden betrieblichen Vorschlägen und Erfindungen kommt der Skizze und der mit der Fertigung verknüpften Zeichnung erhöhte Bedeutung zu.

In der neuen Auflage habe ich versucht, diese Beziehungen des Konstrukteurs zur Zeichnung und zum Werkstück noch klarer herauszuheben. Dabei hat mich Herr Oberingenieur J. Richter, Berlin-Marienfelde bestens unterstützt. Für den Abschnitt „Werkstoffe" konnte ich Beiträge der Herrn Dipl.-Ing. H.-D. Dehne, Berlin-Adlershof und Dr.-Ing. K.-E. Volk, Essen verwerten.

Der Anhang weist kurz auf das Skizzieren und Entwerfen hin und behandelt einige Fragen (Normungszahlen, Genauigkeit der Form und Lage, Werkstoffumstellung), die das Grenzgebiet zwischen Konstruktion und Zeichnung berühren.

Berlin-Zehlendorf. **C. Volk.**

Nachwort.

Die Arbeiten zur Herausgabe der achten Auflage wurden durch den Tod meines Vaters unterbrochen († 27. 5. 1944).

Auf Wunsch meines Vaters habe ich die Arbeiten übernommen. Ich werde mich bemühen, sein Werk in seinem Sinne fortzuführen.

Essen, Herbst 1944. **Dr. K. E. Volk.**

Inhaltsverzeichnis.

Der Konstrukteur, Beruf und Verpflichtung.

Die Tätigkeit der Konstrukteure umfaßt:

a) Die Konstruktion der Maschinen und Geräte und ihrer Einzelteile unter Berücksichtigung der Bauaufgabe (Betriebsbedingungen, Betriebshaltbarkeit), der Berechnung und Erfahrung, der Normen, der Ergebnisse von Vorversuchen, Forschungs- und Entwicklungsarbeiten, der Wartung, der Instandsetzung, des Werkstoffes, der Herstellung, des Zusammenbaues (Fügen), der Wirtschaftlichkeit, der Besonderheit des Auftrages, der Schutzrechte usf.

b) das Entwerfen der Einrichtungen, Vorrichtungen, Werkzeuge, Schnitte, Gesenke, Lehren usf., die für die Fertigung (namentlich bei Massenfertigung) erforderlich sind. Dabei sind zu beachten die vorhandenen Einrichtungen, die Lieferzeiten und der Werkstoffaufwand für neue Werkzeuge, die Zahl der verfügbaren Facharbeiter, angelernten Arbeiter usf.

c) die Arbeitsvorbereitung, die Ermittlung der Bearbeitungszeiten, der Kosten usf. Bei der Auswahl des Werkstoffes sind zu berücksichtigen: die mechanischen, technologischen, chemischen, thermischen, magnetischen Eigenschaften, die Oberflächengüte, die Kosten, Lieferbedingungen, Vorschriften der Behörden usf., die Altstoffverwertung usf.

In kleineren Betrieben müssen unter Umständen alle diese Aufgaben von wenigen Personen erfüllt werden. In Großbetrieben werden die einzelnen Arbeiten verschiedenen Personen, ja verschiedenen Abteilungen zugewiesen. Es bestehen dann getrennte Abteilungen für Berechnen, Entwerfen, Teilkonstruktion, Normung, Werkzeugbau, Vorrichtungsbau, Arbeitszerlegung, Zeitbestimmung, Veranschlagen, Werkstoffbestellung, Werkstoffprüfung usf.

Damit durch diese Arbeitsteilung der Zusammenhang zwischen dem Konstrukteur und der Werkstätte nicht wesentlich beeinträchtigt wird, sind z. B. folgende Maßnahmen erforderlich: Bei Neukonstruktionen geht die Bleizeichnung in die Normenabteilung, welche die Einhaltung und Verwendung der eingeführten Normen überwacht, dann in die Fertigungsabteilung. Handelt es sich um Neukonstruktionen von größerer Bedeutung, so werden die Einzelteile (in Blei) noch einer besonderen Betriebskonferenz vorgelegt, an welcher der Konstrukteur (oder sein Abteilungsleiter), die Vertreter der Normen- und Fertigungsabteilungen und die Vertreter des Betriebes teilnehmen. Dann erst werden die Zeichnungen in der bei dem betreffenden Werk vorgeschriebenen Weise fertiggestellt, vervielfältigt und den einzelnen Abteilungen zugestellt. Anstände, die bei der Herstellung, beim Zusammenbau oder später im Betrieb auftreten und auf fehlerhafte Konstruktion zurückzuführen sind, müssen dem Konstrukteur in genau festgelegter Weise gemeldet werden. (Anlage einer „Bewährungsstatistik" und eines „Mängelbuches"; Karteien für vorhandene Modelle, Sonderwerkzeuge usf. Über diesen Erfahrungsaustausch im eigenen Werk hinaus wird ein Erfahrungsaustausch in größerer Gemeinschaft erforderlich sein, um dauernden Fortschritt und dauernden Erfolg sicherzustellen.)

Sollen — wie in Kriegszeiten oder bei „gelenkter" Wirtschaft — Geräte und Maschinen in großer Stückzahl bei einer ganzen Reihe von Werken nach gleichen Konstruktionszeichnungen hergestellt werden, ist außerdem die Zahl der selbständigen Konstruktionsingenieure verringert, die Zahl der Hilfskonstrukteure und Zeichner vermehrt, so wird meist eine Gruppe ausgewählter Konstrukteure mit der Entwicklungsarbeit betraut. Mit Hilfe der Vereinheitlichung, der Normung, der Typenbildung entstehen dann Maschinen und Geräte, die mit den verfügbaren Anlagen, Werkstoffen und Arbeitskräften innerhalb der vorgesehenen Lieferfristen wirtschaftlich hergestellt werden können. An Stelle einer Vielzahl von Konstrukteuren in einer Vielzahl von Werken treten nach Fachgebieten gegliederte Arbeitsgruppen, die auch in bezug auf die Werkstoffe, die Beschaffung der Werkzeugmaschinen, Werkzeuge, Vorrichtungen, die Verteilung der Arbeitskräfte usf. mit den dafür zuständigen Stellen zusammenarbeiten.

Dieser kurze Überblick kennzeichnet das Arbeitsfeld, das der junge Konstrukteur nach beendetem Studium betritt. Zwar hat er bereits in den Technischen Schulen gezeichnet und konstruiert, aber dort stand die nach Angabe und Vorbild hergestellte Zeichnung am Ende seiner Arbeit — in der Praxis steht die fertige Zeichnung am Beginn der Werkarbeit. Sie enthält die Angaben, nach denen in den Werkstätten vielleicht tausend Werkstücke von zahlreichen Facharbeitern und angelernten Kräften hergestellt werden sollen. Und diese tausend Werkstücke gehören z. B. zu zweihundert Mähmaschinen, die helfen müssen, die Ernte des nächsten Jahres zu bergen. Diese Gedanken über seine Verpflichtung darf der junge Konstrukteur aber nicht erst vor der fertigen Zeichnung empfinden — nein, sie gehören an den Beginn! Lange bevor der Former das Modell einformt, lange bevor der Fräser das Gußstück aufspannt und lange bevor die Zugstangen oder die Steuerhebel in die Maschinen eingebaut werden, hat der Konstrukteur vor seinem Zeichenbrett in der Vorstellung alle diese Arbeiten ausgeführt, hat er an den Kern gedacht, an den Auslauf des Werkzeuges, an die Gefahr des Verspannens, an die Bearbeitungszeit, das Messen, das Fügen und — wenn es sich um die Mähmaschinen handelt — an Sonne, Staub und Regen und an die Instandsetzungsarbeiten.

Denn das Werkstück entsteht erstmals nicht in der Werkstätte, es entsteht im Kopf, in der Vorstellung des Konstrukteurs. Und so sind Werkstück und Zeichnung auch die wichtigsten Erzieher des Konstrukteurs.

Auch dann, wenn der junge Konstrukteur in den ersten Jahren der Berufsausübung nicht selbständig entscheidet und der Abteilungsleiter ihm in manchen Fällen die Verantwortung abnimmt, soll er sich stets über den Sinn der Anordnung klar sein; nur so wird er reif für einen größeren Wirkungskreis. Der Wille zum selbständigen konstruktiven Schaffen muß gestärkt, die zwischen Wollen und Können bestehende Spanne verringert werden.

Bei diesem Zusammenhang zwischen Zeichnung und Werkstück, der in den folgenden Abschnitten erörtert wird, handelt es sich nicht bloß um Wissen und Kenntnisse, sondern um das Einfühlen in die konstruktive Arbeit und um das Einfügen in die mit einer kriegswichtigen Aufgabe betraute Gefolgschaft.

Denn wenn hier vom Maschinenzeichnen des Konstrukteurs die Rede ist, so ist nicht nur an den zeichnerischen Teil der Arbeit gedacht, sondern an alle jene Gedanken, Entschlüsse und Maßnahmen, die der Konstrukteur in der Zeichnung festlegt und damit in seiner Sprache an die Ingenieure und Werkmänner weitergibt, die mit Herstellung, Vertrieb, Lenkung und Wartung der Maschinen und Geräte betraut sind.

Am Arbeitsplatz des Konstrukteurs treffen sich die Anregungen, Wünsche und Forderungen, die vom Verbraucher, aus den Werkstätten, von vorangehenden und mitschreitenden Kameraden, vom Forscher und oft auch vom Staatsmann kommen.

Die Werkzeichnung ist daher weit mehr als die zeichnerische Darstellung eines einzelnen Werkstückes, sie verknüpft die Forschung und wissenschaftliche Arbeit, die Entwicklungsgeschichte der Bauformen, deren Berechnung und Beanspruchung im Betrieb mit der Fertigung, mit dem Werkstoff — kurz: mit der Produktion (s. Abschn. II).

Das Erbe der Vergangenheit behütend und verwertend, an der Seite der Mitarbeiter in der Gegenwart bauend und schaffend, Zukünftigem den Weg bereitend — so wird der zeichnende, entwerfende Konstrukteur zum Träger des konstruktiven Fortschrittes![1]

I. Der Konstrukteur und die Zeichnung.

1. Zeichnungsarten.

Nach dem Inhalt unterscheidet man:

1. Zusammenstellungszeichnungen, Übersicht- oder Gesamtzeichnungen, die eine Maschine oder einen selbständigen Maschinenteil im zusammengebauten Zustand zeigen.
2. Gruppenzeichnungen, auf denen eine Gruppe zusammengehöriger Teile dargestellt ist.
3. Teilzeichnungen, die nur ein Werkstück oder einige einzeln gezeichnete Werkstücke enthalten.

Nach der Verwendung kann man die Zeichnungen einteilen in:

1. Entwurfzeichnungen, die Entwürfe zu den im folgenden genannten Zeichnungen darstellen.
2. Angebotzeichnungen.
3. Werkzeichnungen, nach denen die Werkstätten den Auftrag ausführen.
4. Zeichnungen der Modelle, Gesenke, Vorrichtungen, Schnitte usf.; Zeichnungen von Guß- und Schmiedeteilen, Ersatzteilzeichnungen, Bearbeitungspläne.
5. Richtzeichnungen oder Rüstzeichnungen (Montage-Zeichnungen), für den Zusammenbau (oder das Fügen) und die Aufstellung.
6. Aufstellungs- und Einmauerungszeichnungen.
7. Rohrpläne für das Verlegen von Rohrleitungen.
8. Schaltpläne und Leitungspläne für elektrische Leitungen, Wickelpläne.

Ferner seien erwähnt:

Genehmigungszeichnungen (zur Vorlage an die Behörden),
Patent- und Gebrauchsmusterzeichnungen,
Zeichnungen für die Anfertigung von Druckstöcken, von Lichtbildern usf.

Nach der Herstellung unterscheiden wir:

a) Blei-Zeichnungen (als Unterlage für die Stammpause), meist auf lichtdurchlässigem dünnem Zeichenpapier. Für sehr wichtige, umfangreiche Zeichnungen auf starkem Papier.

b) Stammzeichnungen, die längere Zeit aufbewahrt werden sollen, auf starkem Papier, mit Tusche ausgezogen.

c) Stammpausen (Urpausen): 1. auf Pausgewebe oder Pauspapier, mit Tusche ausgezogen; 2. auf durchscheinendem Papier, Linien in Blei, Maßzahlen in Tusche.

d) Vervielfältigungen: Abpausen, Lichtpausen auf Naß-, Trocken- oder Feuchtpapier, Photos, Lichtbilder, Drucke (durch Druckverfahren vervielfältigte Zeichnungen) usf.

[1] C. Volk, Der konstruktive Fortschritt, Verlag Springer, Berlin 1941

2. Blattgrößen, Maßstäbe usf.

a) Blattgrößen. Für die Blattgrößen gelten die Normen[1] der Tafel I (vgl. Abb. 1).

Tafel I (nach DIN 823).

Blattgrößen	A 0	A 1	A 2	A 3	A 4	A 5	A 6
Unbeschnittenes Blatt (Kleinstmaß)	880×1230	625×880	450×625	330×450	240×330	165×240	120×165
Schneidlinie auf der Stammzeichnung. Beschnittene Lichtpause (Fertigblatt).	841×1189	594×841	420×594	297×420	210×297	148×210	105×148

Abb. 1.

A 4 (210 × 297) ist das Format der Normblätter und des Einheitsbriefbogens. Die Fläche des Fertigblattes A 0 beträgt 1 m², die Fläche von A 1 beträgt 0,5 m² usf. Die kurze Seite verhält sich zur langen wie $1:\sqrt{2}$.

Blätter mit diesem Seitenverhältnis haben die Eigenschaft, daß bei der Hälftung oder Verdopplung der Blattfläche das Seitenverhältnis seinen Wert behält, die Blätter also untereinander ähnlich bleiben. Das zweimal zusammengelegte Blatt A 2 ergibt A 4 usf.

(Die Zahlenwerte von DIN 823 sind dem Normblatt DIN 476 entnommen, das für Papierformate gilt. Sie ersetzen das frühere Normblatt DIN 5 für Zeichnungsformate mit den Gliedern 1000 × 1400, 700 × 1000 usf. Die neue Ausgabe von DIN 823, Mai 37, enthält noch die Blattgrößen 2 AO = 1189 × 1682 und 4 AO = 1682 × 2378.)

Die Blätter können in Hoch- und Längslage verwendet werden, bei den kleinen Blättern kommt die kurze Seite meist nach unten. Die einmal gewählte Blattlage soll man beim Aufzeichnen a l l e r Teile beibehalten. Sehr lange oder sehr hohe Blätter erhält man durch Aneinanderreihen mehrerer Blattgrößen, z. B.

$$210 \times 297 + 210 \times 297 = 210 \times 594.$$

Für Werkzeichnungen teilt man sich das Blatt oft in eine Anzahl gleicher Felder ein und zeichnet in jedes Feld (oder in ein Doppelfeld) nur e i n e n Teil (vgl. Abb. 102). Die Zeichnung wird dann in Teilblätter zerschnitten und die Teilblätter gelangen in die Kartei oder gehen mit den Arbeitsbegleitkarten in die Werkstätte. Bei Blatt A 2 = 420 × 594 nimmt man 4 Streifen der Länge und 4 Streifen der Breite nach und erhält dadurch 16 Felder, deren verfügbare Zeichenfläche rund 105 × 148 ist, also wieder den Blattgrößen entspricht.

b) Maßstäbe. Als Maßstäbe sind zu benutzen: für natürliche Größe 1:1, für Verkleinerungen:

1:2,5, 1:5, 1:10, 1:20, 1:50, 1:100, 1:200, 1:500, 1:1000

und für Vergrößerungen: 2:1, 5:1, 10:1.

(Bei Vergrößerung sehr kleiner Teile wird empfohlen, eine Darstellung in natürlicher Größe ohne Maße hinzuzufügen.)

[1] V e r b i n d l i c h für die Angaben der DIN sind die jeweils n e u e s t e n Ausgaben. Dies gilt für alle in diesem Buch enthaltenen Hinweise auf die Normen.

Der Maßstab der Zeichnung ist im Schriftfeld der Stückliste anzugeben. Sind auf dem gleichen Blatt verschiedene Maßstäbe verwendet, so sind alle Maßstäbe im Schriftfeld aufzuführen und außerdem bei den zugehörigen Darstellungen zu wiederholen.

c) Linien in Tusche. Wir unterscheiden a) Vollinien, b) Strichlinien, c) Strichpunktlinien und d) Freihandlinien.

Die starken Vollinien (Stärke 1,2 bis 0,3 mm, je nach Maßstab, Größe und Art der Zeichnung) werden verwendet für sichtbare Kanten und Umrisse, die dünnen Vollinien sind für Maßlinien und Maßhilfslinien bestimmt und zum Schraffen von Schnittflächen. (Maß- und Mittellinien wurden früher meist blau oder rot ausgezogen. Sie werden jetzt ausschließlich schwarz ausgeführt.) Voll dünn ausgezogen (und zwar in Stärke der Strichpunktlinien) werden die Umrisse benachbarter (anschließender) Teile, die zur Erläuterung des Zusammenhanges angegeben werden (vgl. Abb. 65), ferner Grenzstellungen von Hebeln, Kolben, Ventilen und Querschnitte, die in die Ansichtfiguren hineingezeichnet werden (z. B. Armquerschnitte von Rädern). Feine Vollinien dienen auch zur Andeutung abgerundeter Kanten.

Abb. 2. Verhältnis der Strichstärken. (Dicke der starken Vollinien: 0,3, 0,6 und 1 mm.)

Bei Strichlinien sind die Striche ziemlich lang zu ziehen, die Zwischenräume kurz zu halten, damit ein ruhiger Eindruck entsteht. Die Länge der Striche ist der Stärke und Gesamtlänge der Linie anzupassen. Strichlinien werden verwendet für unsichtbare (verdeckte) Kanten und Umrisse, für Kernlinien von Schrauben, Grundkreise von Zahnrädern usf. Unsichtbare Kanten sind nur dann anzugeben, wenn dadurch die Form klarer wird. Viele gestrichelte Linien verwirren die Zeichnung und machen sie unschön.

Strichpunktlinien (der Punkt ist als kurze Linie auszuführen!) werden benutzt für Mittellinien, Lochkreislinien, ferner für Teilkreise von Zahnrädern, Bearbeitungsangaben (z. B. bei Darstellung von Schmiedestücken Abb. 134), und für Teile, die vor dem dargestellten Gegenstand oder vor dem Schnitt liegen, Abb. 65 (möglichst zu vermeiden!). Kräftige Strichpunktlinien dienen zur Angabe des Schnittverlaufes.

Freihandlinien werden auf Werkzeichnungen verwendet zur Angabe von Sprengfugen und Bruchkanten, zur Angabe von Holz (Lang-, Hirnholz) usf. Man ziehe die Bruchlinie ziemlich dünn und nicht zu unruhig. Oft wird man auf die Bruchlinie ganz verzichten können. (Bruchlinien bei Wellen: Abb. 28; Bruchlinien bei Rohren: Abb. 29. Bei geschrafften Schnittflächen sind keine Bruchlinien erforderlich, Abb. 174 bis 176.)

Linienstärken. Abb. 2 zeigt die Strichstärken für drei Liniengruppen. Die starken Vollinien sind möglichst stark auszuziehen. Auch Zeichnungen (namentlich Pausen) im Maßstab 1:10 oder 1:20 müssen kräftige Linien erhalten.

d) Schrift. Abb. 3 zeigt Zahlen und Buchstaben nach DIN 1451, und zwar die 12 mm und 8 mm hohe, schräge Normschrift. Anfänger mögen an Hand der Normblätter die Schrift üben.

Die Vorzugsnennwerte der Schriftgröße betragen für die großen Buchstaben, für die kleinen Buchstaben *b*, *d*, *g* usf. und für die Ziffern

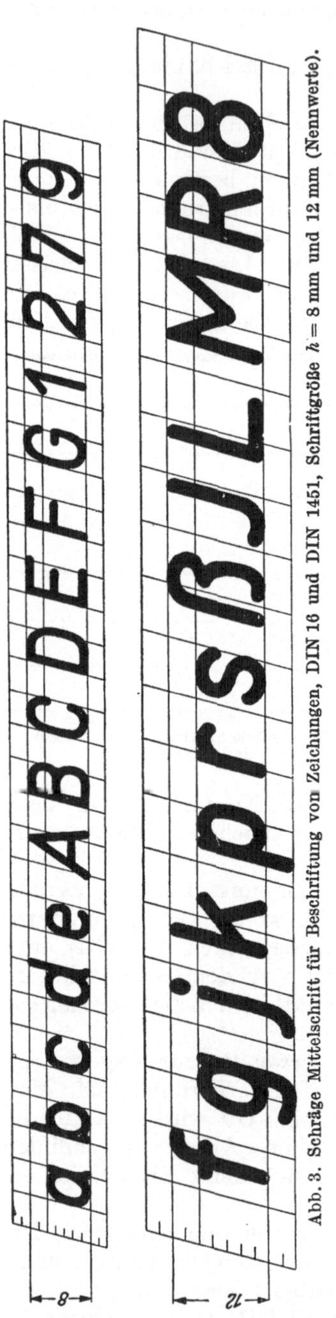

Abb. 3. Schräge Mittelschrift für Beschriftung von Zeichnungen, DIN 16 und DIN 1451, Schriftgröße $h = 8$ mm und 12 mm (Nennwerte).

2, 2,5, 3, 4, 5, 6, 8, 10, 12, 16, 20 und 25 mm, für die übrigen kleinen Buchstaben $^5/_7$ davon (d. h. Höhe von $a = {}^5/_7$ der Höhe von A oder b).

Die Schrift ist um 75° gegen die Waagrechte geneigt, die Stärke beträgt $^1/_7$ der Schrifthöhe.

Zeilenabstand $= 1^1/_7 \times$ Höhe der großen Buchstaben.

Die Schriften unter 4 mm Höhe werden am besten mit Rundspitzfedern geschrieben oder mit einer nur für das Schreiben bestimmten Ziehfeder. Die Schriften bis 16 mm schreibe man mit Redisfedern, die größeren Schriften mit den üblichen Schriftschablonen.

e) Das Ausziehen. Schon in der Bleizeichnung sind alle Kreise über 3 mm Halbmesser mit dem Zirkel zu ziehen. Bei größeren Kreisen, die sich an gerade Linien anschließen, ist der Anfangspunkt des Kreises durch Fällen eines Lotes anzugeben.

Beim Ausziehen zieht man zuerst (mit einem an der Reißschiene geführten Dreieck) die lotrechten Mittellinien, dann mit der Schiene die waagrechten Mittellinien (Strichpunktlinien).

Darauf folgen erst die großen Kreise, dann die kleinen mit mehr als 3 mm Halbmesser, dann die lotrechten, darauf die waagrechten und die schrägen Umfanglinien, dann Maßhilfslinien und Maßlinien.

Nun zieht man freihändig die kleinen Abrundungen und die etwa noch fehlenden kleinen Anschlußlinien zwischen Geraden und Bogen.

Dann folgen: Maßpfeile, Maßzahlen, Bearbeitungsangaben, Stückliste, Teilnummern.

Zum Schluß werden die Querschnitte geschrafft.

Beim starken Ausziehen (oder Pausen) einer Bleizeichnung achte man darauf, daß die Tuschlinie zu beiden Seiten des Bleistiftstriches gleich viel übersteht, Abb. 4.

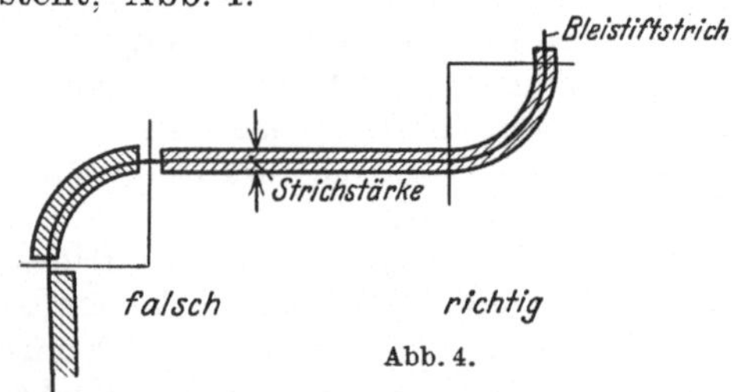

Abb. 4.

f) Linien in Blei. Bleizeichnungen müssen auf durchscheinendem Papier und mit kräftigen, scharfen Bleistiftstrichen (nur gute Bleistiftsorten verwenden, für

Entwurf nicht zu hart, Spitze kegelförmig; zum Nachziehen härter, Spitze keilförmig) hergestellt werden. Dabei empfiehlt es sich, die Maßzahlen und Maßpfeile und wichtige Bezugslinien in Tusche einzutragen. Stammpausen haltbar machen.

3. Anordnung der Ansichten und Schnitte.[1]

Die Maschinenteile werden nach dem aus Abb. 5 ersichtlichen Verfahren abgebildet[2]. Die Bildebenen oder Projektionsebenen werden dann nach Abb. 6 in eine Ebene ausgebreitet. Meist kommt man mit Vorderansicht, Seitenansicht von links und Draufsicht aus. In manchen Fällen genügt eine Ansicht. Die Ansichten

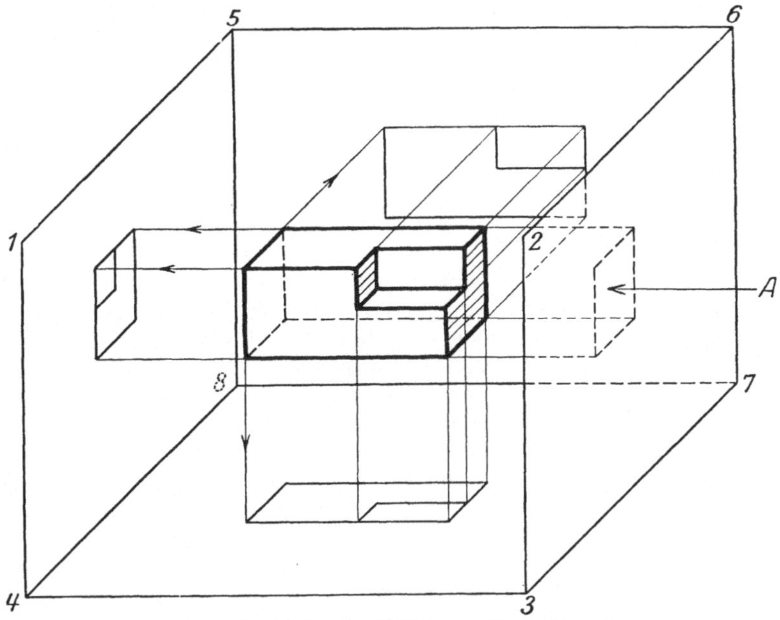

Abb. 5. Entstehung der Abbildungen (Projektionen).

sind genau nach Abb. 6 anzuordnen. Es muß also der Grundriß unter der Vorderansicht gezeichnet werden, die Seitenansicht von links rechts (!) von der Vorderansicht, die Druntersicht über ihr! Ist für eine Figur an der vorgeschriebenen Stelle kein Platz oder wird eine Ansicht nachträglich hinzugefügt, so muß durch Aufschrift oder Pfeil die Sehrichtung angegeben werden (Abb. 9). Ich erinnere mich aus meiner eigenen Anfängerpraxis eines Falles, daß ich bei einem Gußstück, das

---

[1] Vgl. C. Volk, Die maschinentechnischen Bauformen und das Skizzieren in Perspektive. 8. Auflage, Springer-Verlag 1942.

[2] In Amerika und einigen europäischen Ländern (z. B. Holland) ist ein anderes Verfahren üblich. Dabei muß man sich die Bildflächen von Abb. 5 aus Glas denken. Der Beschauer, der die rechte Seitenansicht darstellen soll, steht in A, betrachtet die rechte Seite und zeichnet das Bild des Körpers auf die Glasplatte 2-3-7-6. Dann werden die Glaswände nach Abb. 7 auseinandergeklappt. Aus Abb. 8 ist der Zusammenhang zwischen den einzelnen Bildern ersichtlich. — Beim Lesen amerikanischer Zeichnungen sind die Unterschiede gegen die Darstellung nach Abb. 6 wohl zu beachten. — Soll nach amerikanischen Zeichnungen in deutschen Werkstätten gearbeitet werden, so sind sie umzuzeichnen oder mit genauen Angaben über die Sehrichtung zu versehen. (Abb. 207 ist nach dem amerikanischen Verfahren gezeichnet. Unterschiede berücksichtigen.)

unten und oben einige Aussparungen hatte, die Draufsicht aus Platzmangel über die Vorderansicht gezeichnet habe, ohne auf diesen Umstand besonders hinzuweisen. Das Gußstück wurde dadurch Ausschuß.

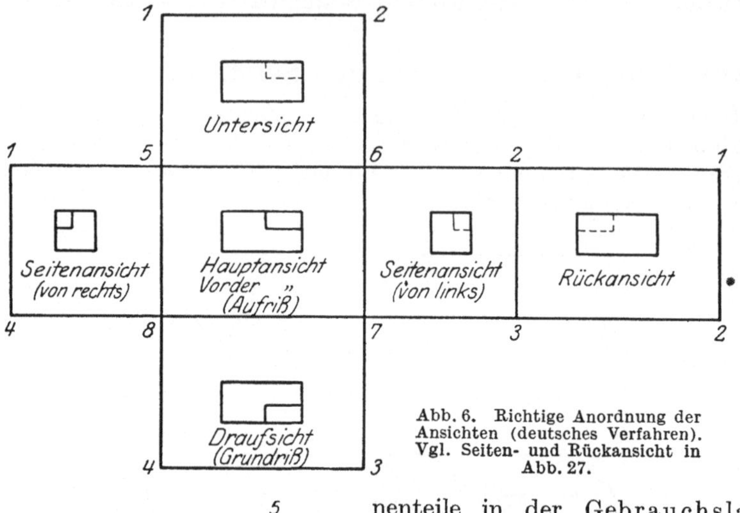

Abb. 6. Richtige Anordnung der Ansichten (deutsches Verfahren). Vgl. Seiten- und Rückansicht in Abb. 27.

Als Hauptansicht wähle man jenes Bild des Körpers, das seine Gestalt am besten kennzeichnet und eine gute Darstellung des Grundrisses und Seitenrisses ermöglicht. Die Zusammenstellungszeichnung soll die Maschinenteile in der Gebrauchslage zeigen, also stehend für stehend gebrauchte, liegend für liegend gebrauchte Maschinenteile. Auf den Teilblättern wählt man für die Einzelteile entweder die mit der Hauptansicht übereinstimmende Gebrauchslage oder (besser) die durch die Hauptbearbeitung bestimmte Arbeitslage (z. B. lege man bei Drehteilen die Längsachse waagrecht).

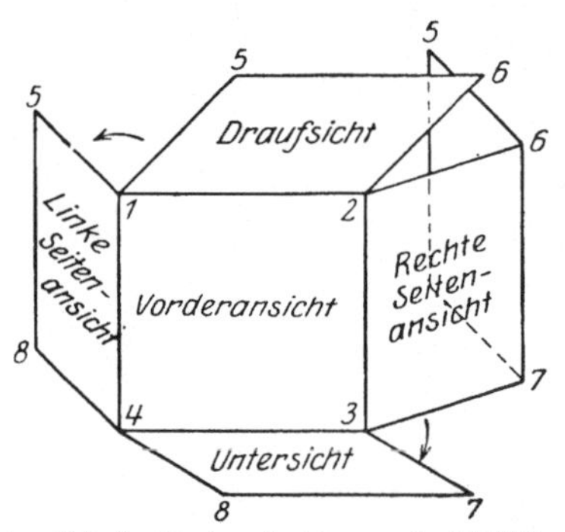

Abb. 7. Auseinanderklappen der Bildflächen beim amerikanischen Verfahren.

Wird ein Bolzen mit waagrechter Arbeitslage nach Abb. 10 stehend in ein Hochfeld gezeichnet, das Zeichenblatt dann in Teilblätter zerschnitten und das Teilblatt durch Rechtsdrehen in die Arbeitslage gebracht, so muß das Maß *b* vom Dreher von links gelesen werden. Um diesen Nachteil zu vermeiden, zeichne man Teile mit waagrechter Arbeitslage in Längsfelder, Teile mit senkrechter Arbeitslage in Hochfelder.

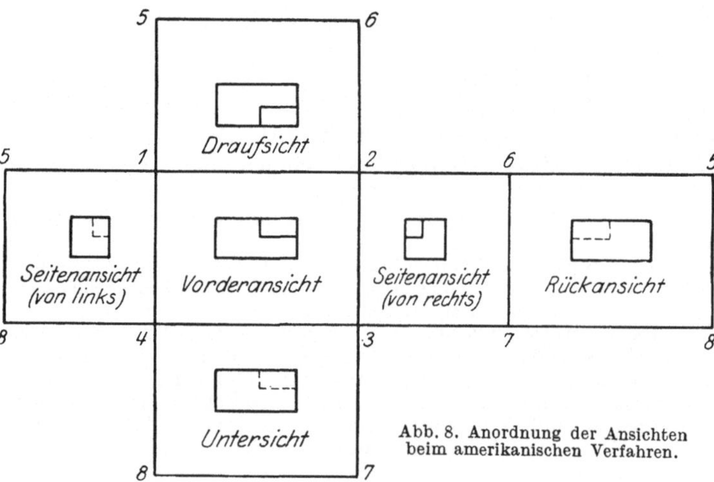

Abb. 8. Anordnung der Ansichten beim amerikanischen Verfahren.

Hohlkörper, Gehäuse, Teile mit Bohrungen usw. sind im Schnitt darzu-

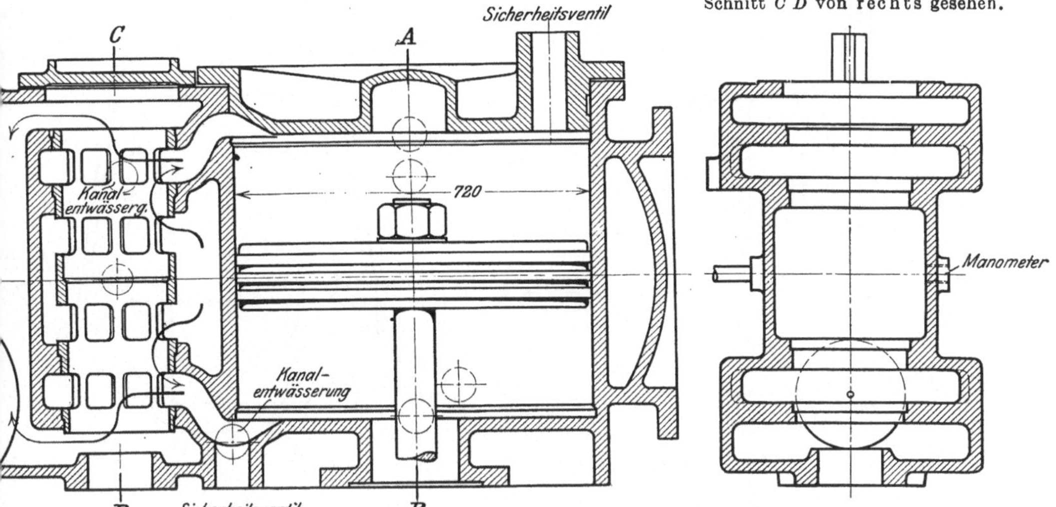

Abb. 9[1]. Der Schnitt *C D* wird von rechts betrachtet, er müßte nach Abb. 6 links stehen. Auf die Lage rechts muß besonders hingewiesen werden.

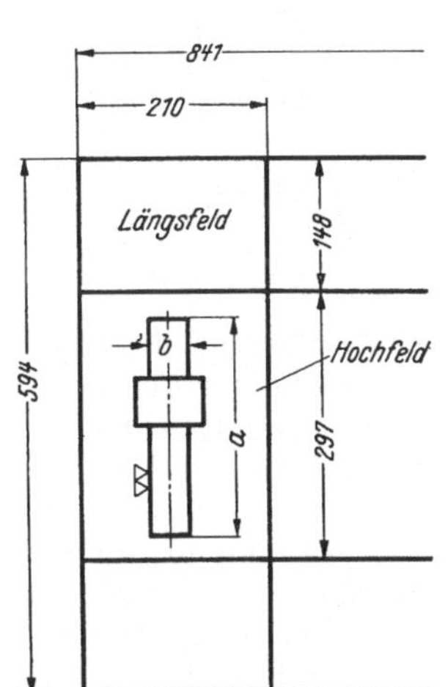

Abb. 10. Teilblatt mit Hoch- und Längsfeldern.

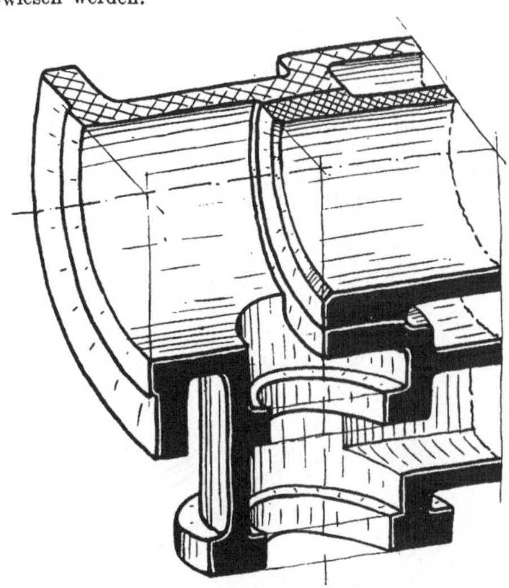

Abb. 11. Längs- und Waagrechtschnitt.

stellen. Dabei denkt man sich einen Teil des Werkstückes weggeschnitten und betrachtet den übrigbleibenden Teil (Abb. 11).

Bei Längsschnitten ist die Schnittebene gleichlaufend zur Aufrißebene, bei Querschnitten gleichlaufend zur Seitenrißebene, bei Waagrechtschnitten gleichlaufend zur Grundrißebene.

Der Schnittverlauf ist, falls erforderlich, durch starke Strichpunktlinien anzugeben, die Sehrichtung durch Pfeile zu kennzeichnen (Abb. 12, 27 u. 118). Die Endpunkte und Knickpunkte des Schnittverlaufes können durch große Buchstaben, z. B. *A-B-C*, gekennzeichnet werden.

[1] Abb. 9 u. 15 aus Volk-Frey, Einzelkonstruktionen aus dem Maschinenbau, Heft 1, 2. Aufl. Berlin: Springer-Verlag.

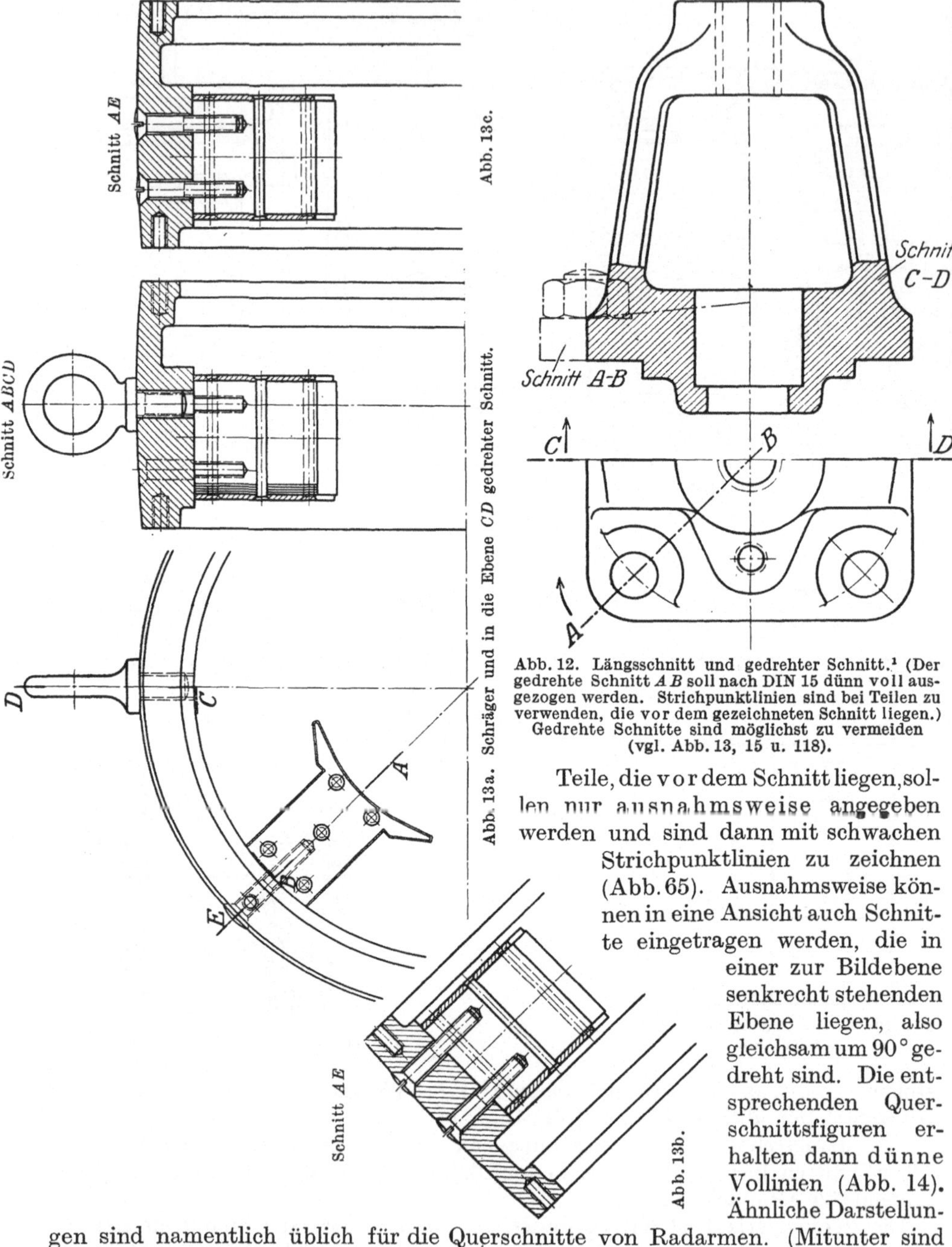

Abb. 12. Längsschnitt und gedrehter Schnitt.[1] (Der gedrehte Schnitt *A B* soll nach DIN 15 dünn voll ausgezogen werden. Strichpunktlinien sind bei Teilen zu verwenden, die vor dem gezeichneten Schnitt liegen.) Gedrehte Schnitte sind möglichst zu vermeiden (vgl. Abb. 13, 15 u. 118).

Abb. 13a. Schräger und in die Ebene *CD* gedrehter Schnitt.

Abb. 13b.

Abb. 13c.

Teile, die vor dem Schnitt liegen, sollen nur ausnahmsweise angegeben werden und sind dann mit schwachen Strichpunktlinien zu zeichnen (Abb. 65). Ausnahmsweise können in eine Ansicht auch Schnitte eingetragen werden, die in einer zur Bildebene senkrecht stehenden Ebene liegen, also gleichsam um 90° gedreht sind. Die entsprechenden Querschnittsfiguren erhalten dann dünne Vollinien (Abb. 14). Ähnliche Darstellungen sind namentlich üblich für die Querschnitte von Radarmen. (Mitunter sind Hilfsschnitte erforderlich, die schräg zu den Bildebenen liegen, Abb. 15[1].)

[1] In Abb. 12 ist der Schnitt *A B* in die Ebene *C D* gedreht. — Eine derartige Drehung ist auch in Abb. 13a vorgenommen. Schnitt *A B* ist nach rechts gedreht: die im Schnitt *E B* liegenden Schrauben sind strichpunktiert. Besser ist es, Schnitt *A E* unter 45° nach links herauszuzeichnen (Abb. 13b) oder neben dem Schnitt *C D* noch den (gedrehten) Schnitt *A E* anzugeben (Abb. 13c).

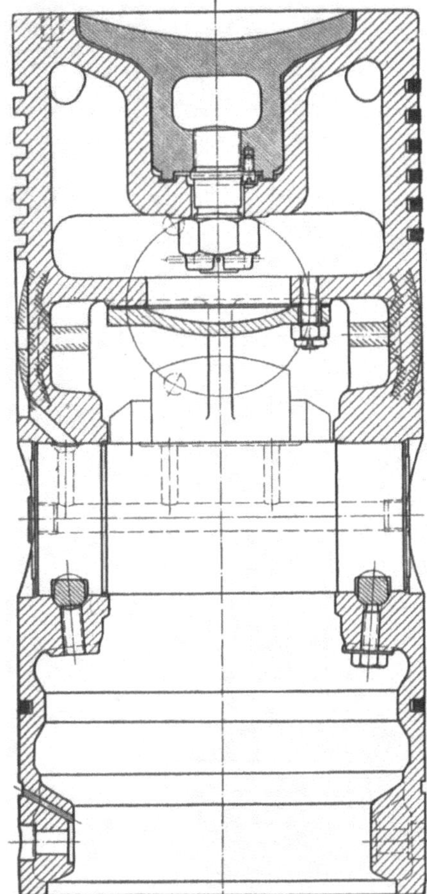

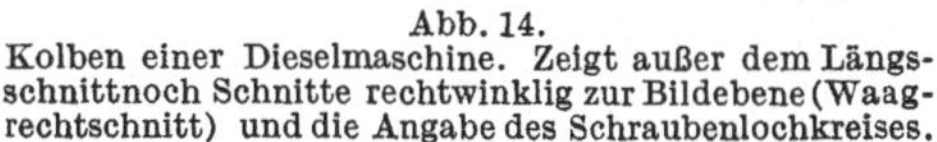

Abb. 14.
Kolben einer Dieselmaschine. Zeigt außer dem Längsschnitt noch Schnitte rechtwinklig zur Bildebene (Waagrechtschnitt) und die Angabe des Schraubenlochkreises.

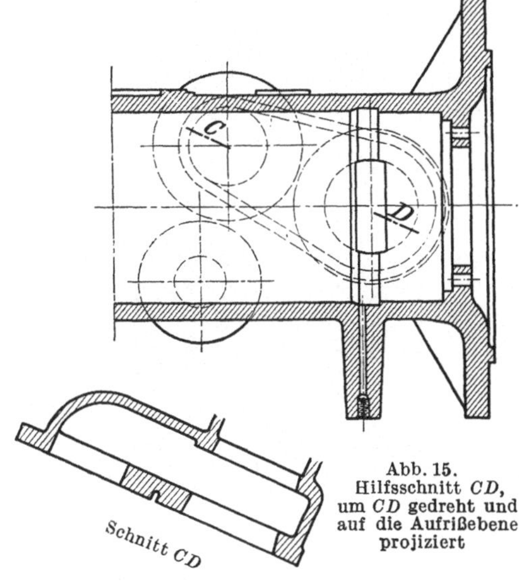

Abb. 15.
Hilfsschnitt *CD*, um *CD* gedreht und auf die Aufrißebene projiziert

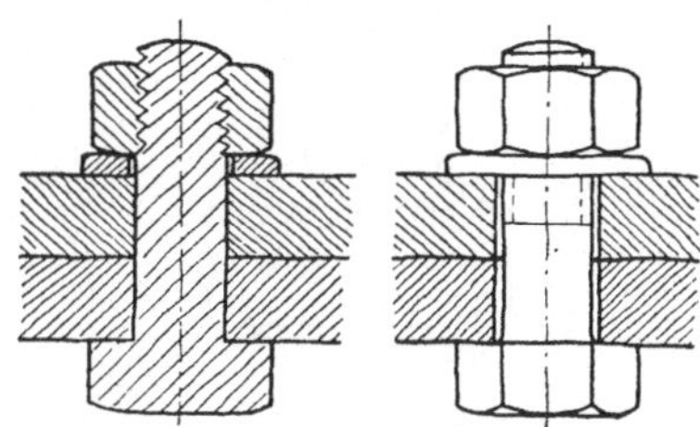

Abb. 16. Falsch. Abb. 17. Richtig.
Zu Abb. 16: Bolzen, Kopf und Mutter nicht schneiden, Gewinde zu kurz. Nicht eingepaßte Befestigungsschrauben müssen Spiel haben. (Doppellinie!)

Einzelheiten über Schnitte.

1. Volle runde Stücke, Bolzen, Schrauben, Nieten, Wellen, Spindeln usf. werden in der Längsrichtung nicht geschnitten (Abb. 16 bis 21).

2. Rippen, Arme usf. werden in der Längsrichtung nicht geschnitten (Abb. 22 und 23).

3. Zusammenstoßen von Schnitt und Ansicht: Wird ein Werkstück nur teilweise geschnitten, so sollen Ansicht und Schnitt nicht in einer Umfangslinie oder Körperkante, sondern in einer Bruchlinie zusammenstoßen (Abb. 24 und 25).

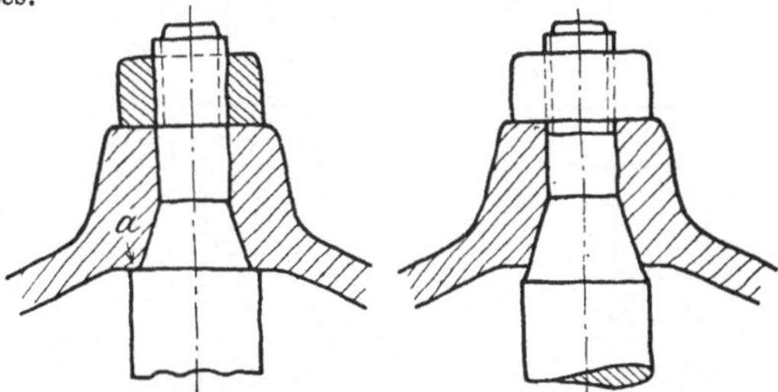

Abb. 18. Falsch. Abb. 19. Erste Verbesserung.
Zu Abb. 18. Fehler der Zeichnung: Mutter geschnitten! Fehler der Konstruktion: Mutter kann nicht nachgezogen werden. Nachmessen des Stangenkegels mit Kegellehre erschwert. Aufliegen im Kegel und auch bei *a* schwer erzielbar und hier zwecklos. (In bestimmten Fällen kann Mittensicherung durch den Kegel und Druckaufnahme durch einen breiten Bund berechtigt sein.)
Zu Abb. 19: Fehler der Ausführung nach Abb. 18 vermieden. Stangenkegel zu lang, hindert das Einschleifen. Druck des Nabenrandes gegen den Kegel bewirkt Spannungserhöhung (Bruchgefahr bei Wechselbiegung.) Richtige Ausführung des Kegels an einer Kolbenstange siehe Abb. 201, unteres Bild.

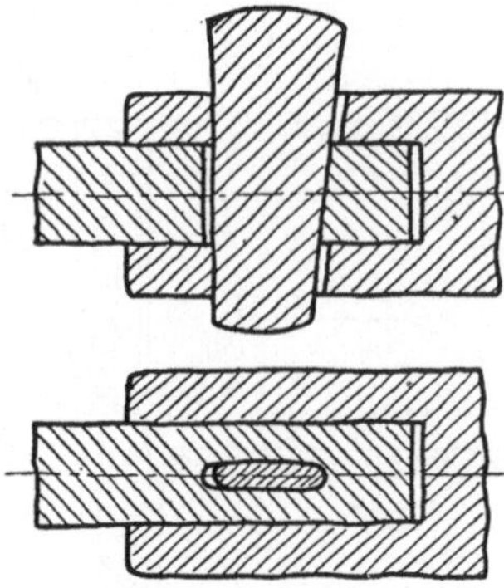

Abb. 20. Falsch.
Stange nicht (oder nur am Keilloch) schneiden, Keil in Längsrichtung nicht schneiden. Stangenende muß rechts anliegen.

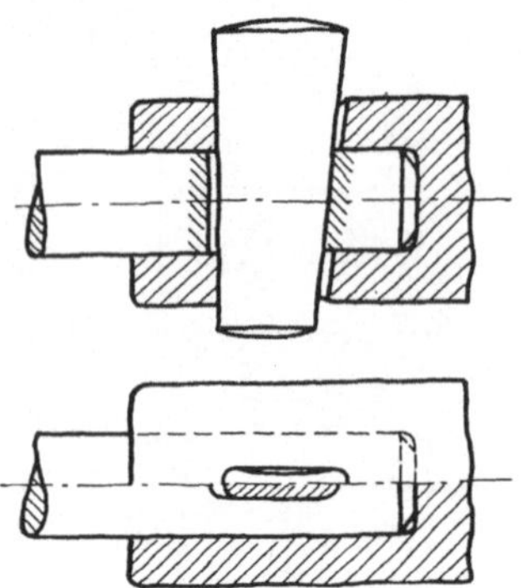

Abb. 21. Richtig.

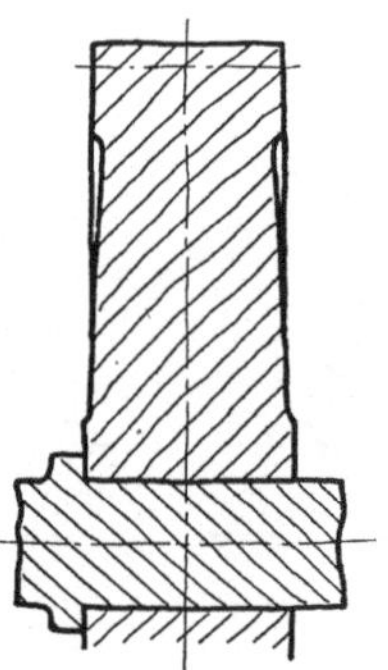

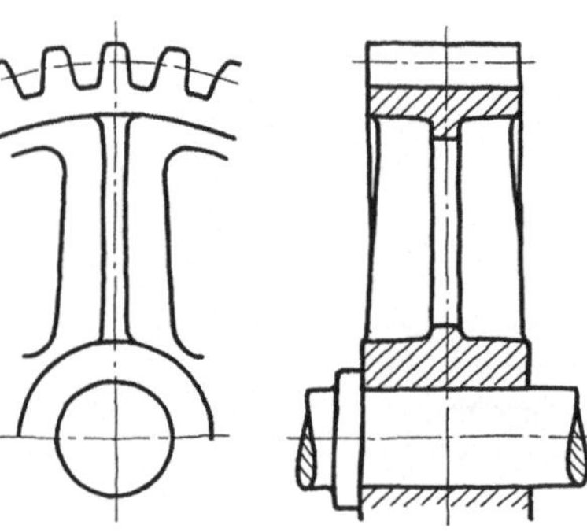

Abb. 22. Falsch. Abb. 23. Richtig.
Zu Abb. 22. Durch Bund und Welle nicht schneiden, durch Zahn und Rippe nicht schneiden.

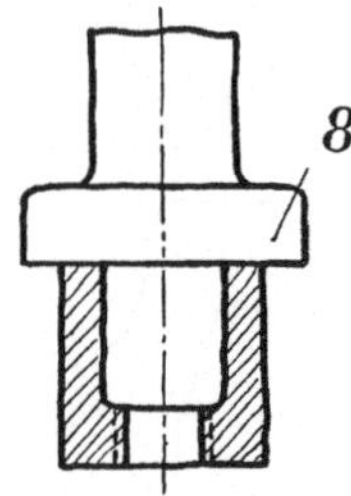

Abb. 24. Falsch.

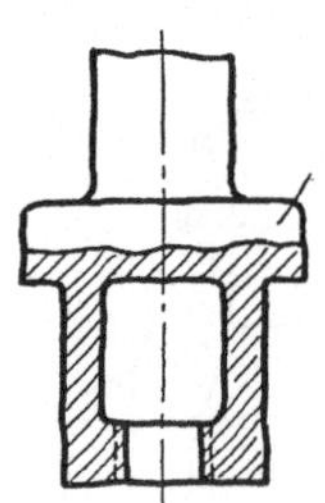

Abb. 25. Richtig.

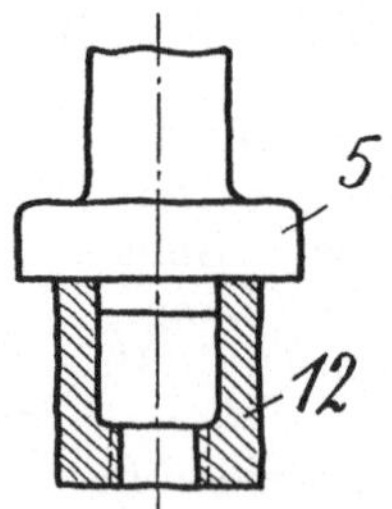

Abb. 26a. Richtig, aber unklar.

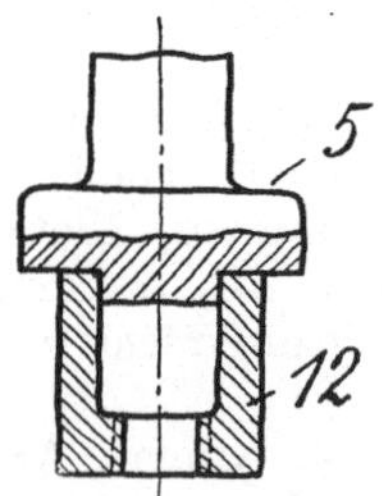

Abb. 26b. Richtig und klar.

Abb. 26a stellt zwei Werkstücke (Teilnummer 5 und 12) dar. Die Zeichnung ist zwar richtig, doch ist Abb. 26b vorzuziehen.

Wird (um Platz zu sparen) ein Werkstück halb in Ansicht und halb im Schnitt gezeichnet, so bildet die strichpunktierte Mittellinie gleichzeitig die Trennungslinie zwischen Ansicht und Schnitt, siehe Abb. 27. Dieses Verfahren soll auf das Zeichnen von Werkstücken beschränkt werden, die spieglig zur Trennungsebene liegen.

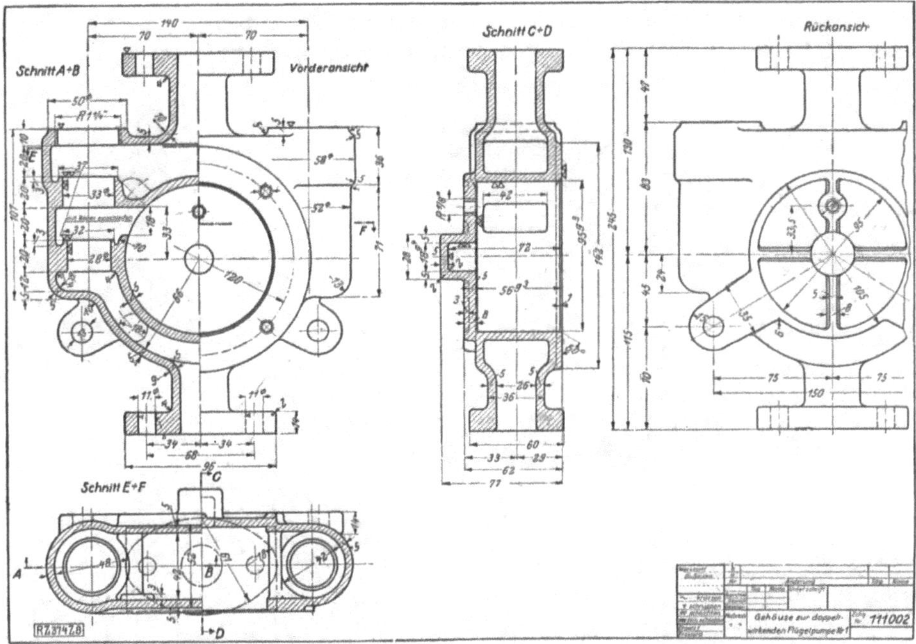

Abb. 27. Pumpengehäuse. (Verbesserungen: Die aus der Rückansicht zu entnehmenden Hauptmaße 115 u. 130 im Schnitt *AB* oder *CD* einschreiben. Die aus Rückansicht erkennbare Rippe im Schnitt *CD* nicht schneiden. Die DIN-Passungen durch ISA-Passungen ersetzen. Stellung der Oberflächenzeichen und Maßlinien überprüfen.)

4. Die Schnittflächen sind unter 45° zur Grundlinie gleichmäßig mit dünnen Vollinien zu schraffen[1]. Der Linienabstand richtet sich nach dem Maßstab und der Größe des Teiles. Er ist reichlich zu wählen, für größere Werkstücke in Naturgröße rund 3 mm. Die Schraffen sind bei Maßzahlen zu unterbrechen. Stoßen zwei geschnittene Werk-

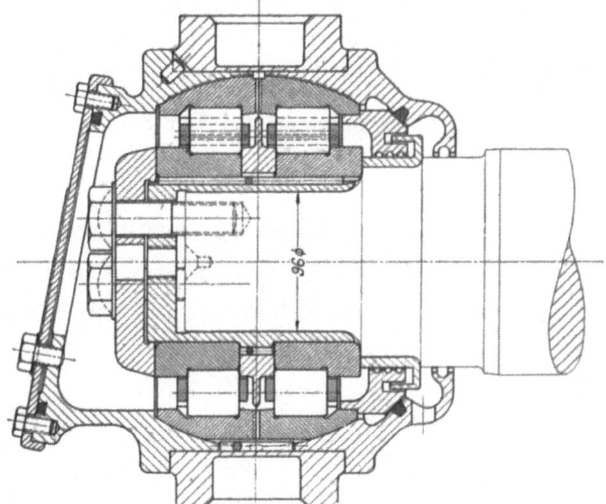

Abb. 28. Wälzlager für Vollbahnachse[2]. (Zeigt verschieden geschraffte Schnittflächen.)

[1] Die Kennzeichnung des Werkstoffes durch die Art der Schraffen oder durch Anlegen der Schnittfläche mit Farbe ist für Werkzeichnungen fast gar nicht mehr üblich. Das Verfahren ist zeitraubend und gestattet doch nicht, die einzelnen Werkstoffarten, z. B. die verschiedenen Stahl- oder Bronzearten voneinander zu unterscheiden. Nur bei Holz wird im Querschnitt die Maserung angegeben und für Erde sind unregelmäßige Schraffen über Kreuz üblich.

Falls Zeichnungen für Behörden bestimmt sind, die noch die Angabe des Werkstoffes durch Schraffen oder Farbe verlangen, sind die entsprechenden Vorschriften zu beachten (vgl. DIN 201).

[2] Aus: Einzelkonstruktionen aus dem Maschinenbau. 4. Heft. Die Wälzlager, 2. Aufl. Berlin: Springer-Verlag.

stücke oder zwei Hälften eines Werkstückes (z. B. obere und untere Lagerschale) aneinander, so wird der eine Teil von links nach rechts, der andre von rechts

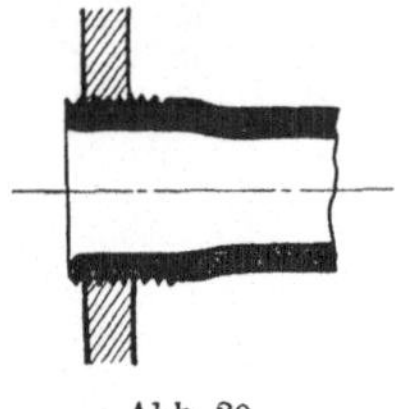

Abb. 29.

Abb. 30.

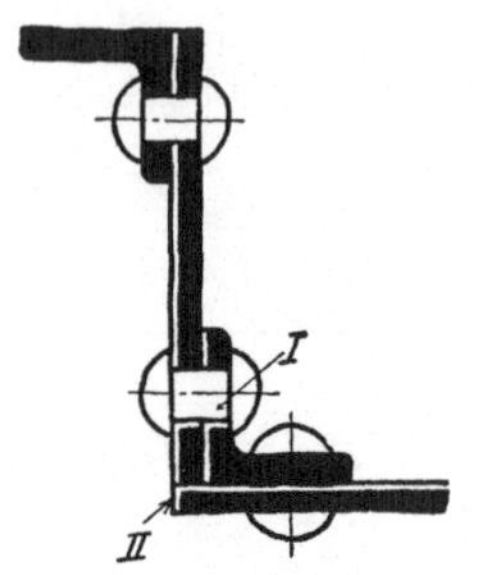

Abb. 31. (Lichtkanten bei I und II entbehrlich.)

nach links geschrafft. Muß die Linienlage beibehalten werden, so wähle man den Linienabstand verschieden (Abb. 28). In Zusammenstellungszeichnungen kann man dabei einige Teile durch engeres oder stärkeres Schraffen hervorheben und dadurch die Übersichtlichkeit und Deutlichkeit der Zeichnung erhöhen (Abb. 14).

Kleinere Querschnittsflächen (schwache Büchsen, Walzprofile, Bleche) werden oft ganz schwarz angelegt (Abb. 29). Zusammenstoßende schwarze Flächen müssen durch einen Zwischenraum (Abb. 30) oder durch eine Lichtkante voneinander getrennt werden. Die Lichtkanten (Abb. 31) werden links und oben angebracht, meist nur an den Berührungsstellen.

5. Bei unregelmäßigen Hohlkörpern sind mindestens zwei Schnitte erforderlich.

Von einem rechteckigen Gehäuse mit rundem Ansatz waren zwei Ansichten und nur ein Schnitt nach Abb. 32 angefertigt worden. Beim Abguß wären bei *a* Löcher entstanden. Der Fehler wurde erst in der Formerei erkannt.

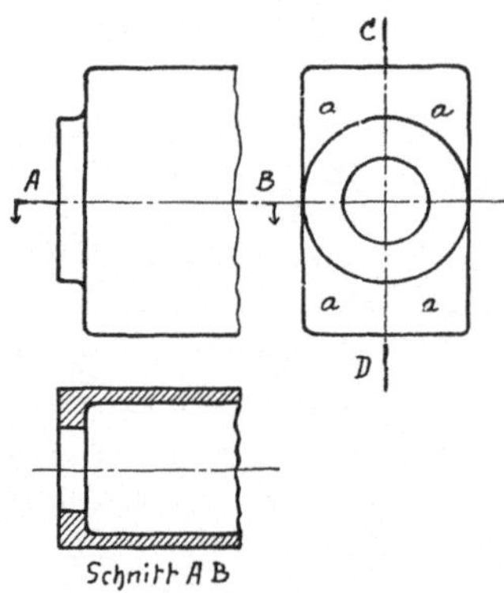

Abb. 32. Falsch. (Um den Fehler zu erkennen, zeichne man Schnitt *CD* oder strichle in den Aufriß die Wandstärke ein.)

4. Abgekürzte, vereinfachte Darstellung.

(Sinnbilder, Kurzbilder, schematische Bilder.)

a) Gewinde, Schrauben, Muttern. Die Abb. 33 bis 40 entsprechen den deutschen Normen (vgl. DIN 27).

Abb. 33. Bolzengewinde, Ansicht.

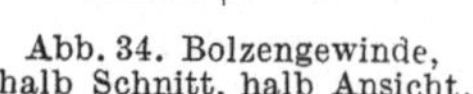

Abb. 34. Bolzengewinde, halb Schnitt, halb Ansicht.

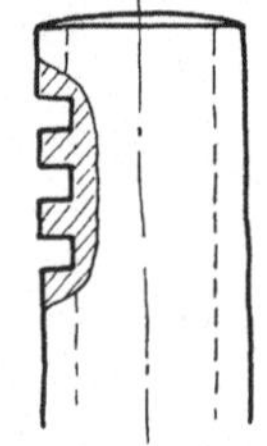

Abb. 35. Abnormales Bolzengewinde, zum Eintragen der Maße geschnitten dargestellt.

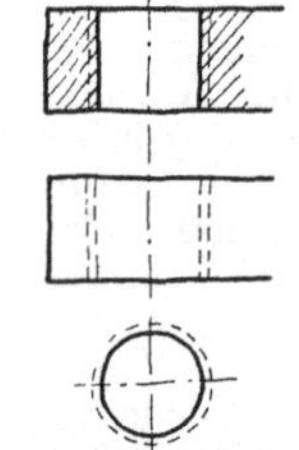

Abb. 36. Muttergewinde (Schnitt, Ansicht, Draufsicht).

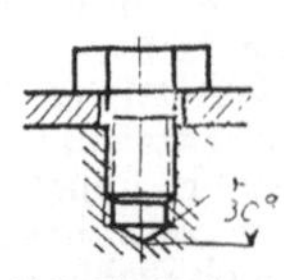

Abb. 37. Bolzengewinde in Ansicht, Muttergewinde geschnitten, Kopf vereinfacht.

Bei kleineren Schrauben, namentlich wenn Bolzen- und Muttergewinde geschnitten wird, ist die Darstellung nicht immer genügend klar. Man ziehe dann die Strichlinien ziemlich stark, mit kurzen Strichen, halte den Abstand der äußeren von der inneren Linie ziemlich groß und schraffe mit dünnen Strichen (vgl. Abb. 38).

Sind Verwechslungen zu befürchten (Abb. 41, 43 bis 44b), so

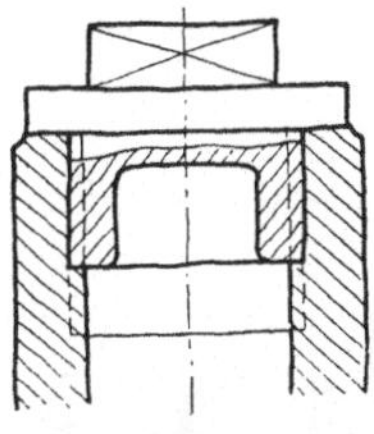

Abb. 38. Bolzen- u. Muttergewinde geschnitten. (Vierkant ist nach Abb. 77 b zu zeichnen.)

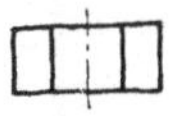

Abb. 39. Kleine Mutter, vereinfacht.

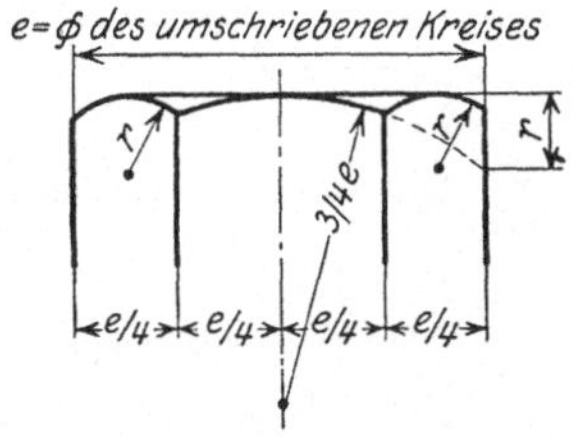

Abb. 40. Abrundungen bei größeren Köpfen und Muttern[1].

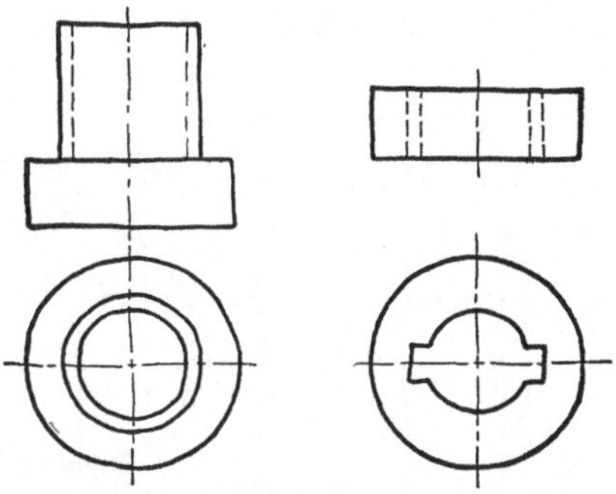

Abb. 41. Die gestrichelten Linien stellen kein Gewinde dar. Grundriß beachten!

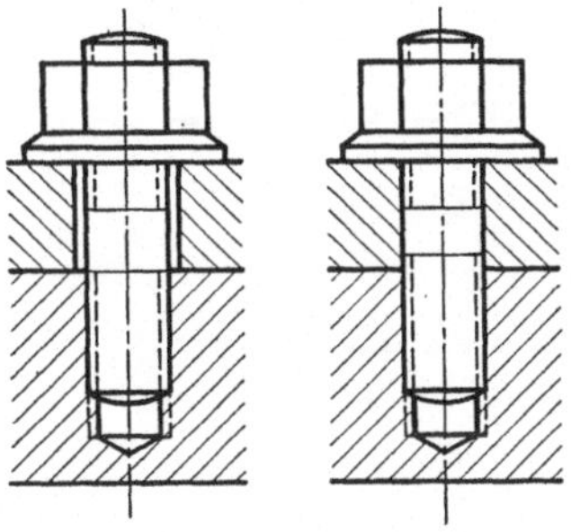

Richtig. Falsch.
Abb. 42. Stiftschraube.

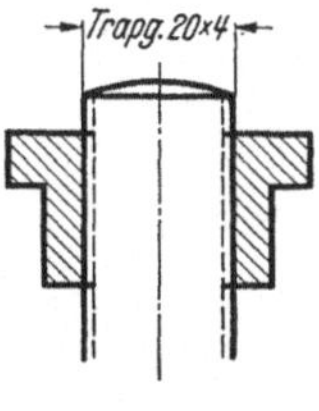

Abb. 43. Spindel mit Mutter. (Richtig.)

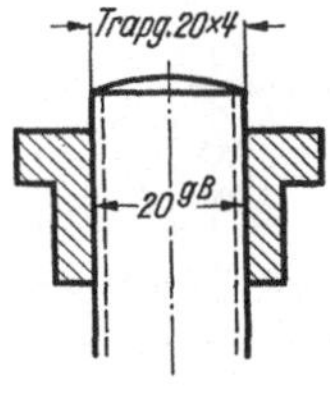

Abb. 44 a. Spindel mit Buchse, nicht richtig, kann zu Verwechslungen führen.

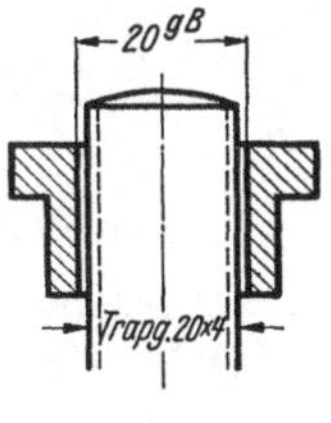

Abb. 44 b. Verbesserung von Abb. 44a (Spiel übertrieben gezeichnet).

stelle man durch eine zweite Ansicht, durch einen Schnitt oder durch eine Aufschrift die erforderliche Klarheit her. Kleine Köpfe und Muttern werden nach Abbildung 37 u. 39 gezeichnet. Für sehr kleine Bohrungen und Gewindelöcher ist bei der Bemaßung und bei der Darstellung die aus Abbildung 45 ersichtliche Vereinfachung gestattet.

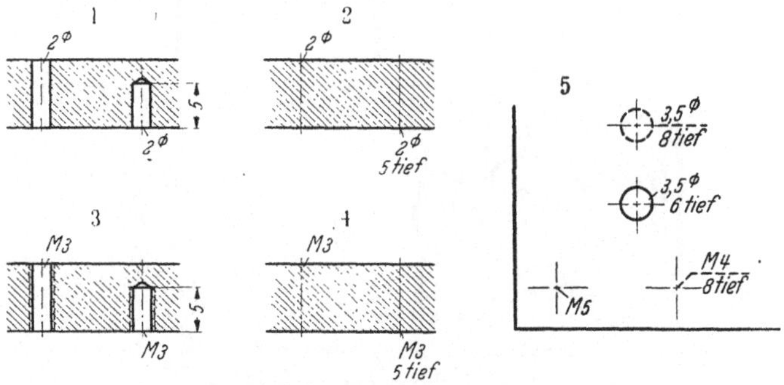

Abb. 45. Abb. 1, 2, 3 u. 4: Vereinfachungen bei kleinen Bohrungen und Gewinden nach DIN 30. Abb. 5: Darstellung in Draufsicht (Vorschlag). Loch 3,5 ∅, 6 tief ist von oben. Loch 3,5 ∅, 8 tief und Gewinde M 4, 8 tief, sind von unten gebohrt. M 5 ist durchgebohrt.

Bei der Darstellung von Schrauben beachte man auch die feineren Unterschiede zwischen den einzelnen Schraubengattungen.

Die wichtigsten Gattungen sind: Kopfschrauben, Bolzenschrauben

[1] Diese vereinfachte Darstellung ist auf Werkzeichnungen anzuwenden. Auf den Normblättern für Schrauben ist die der wirklichen Ausführung entsprechende Darstellung gewählt.

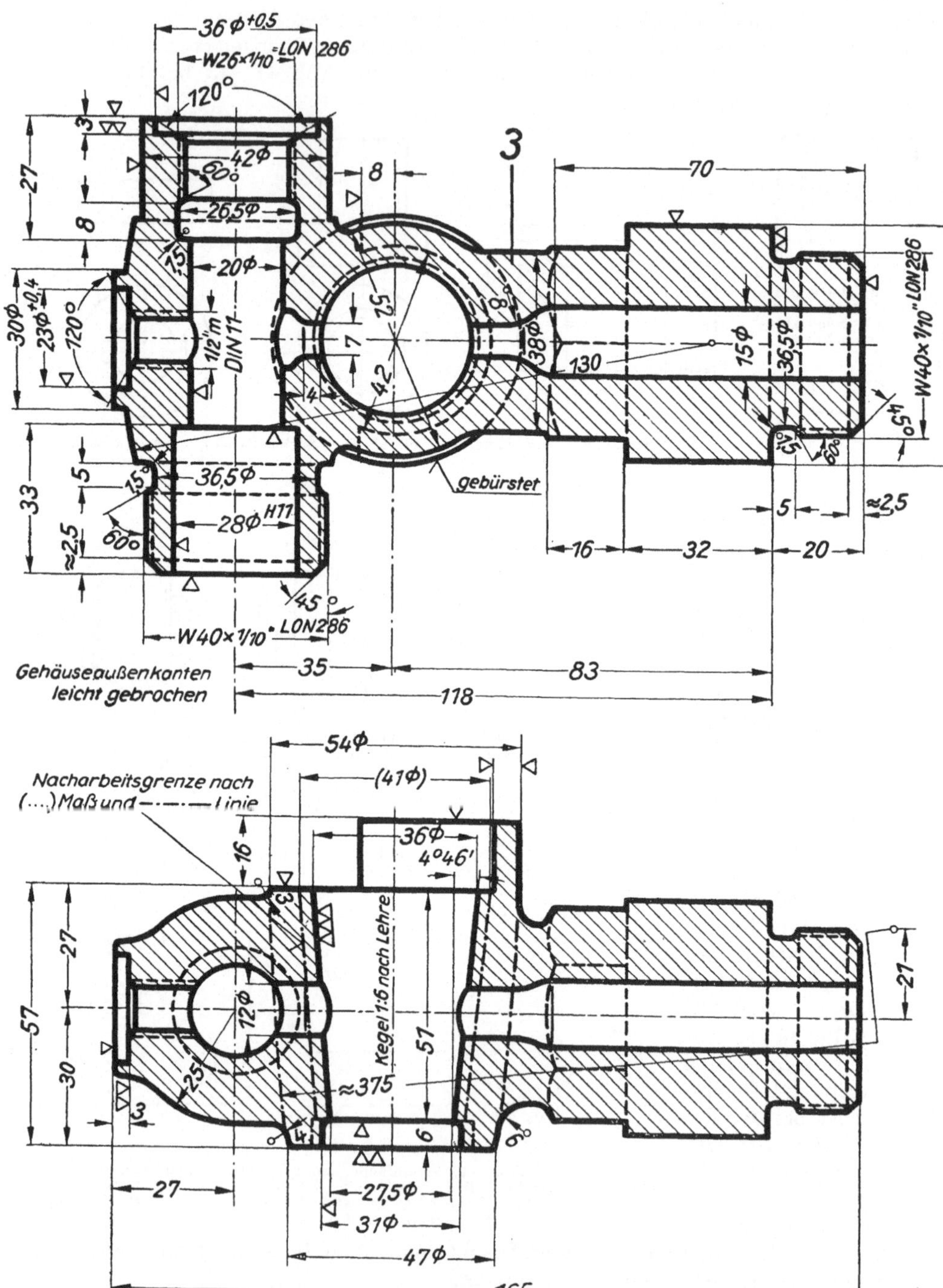

Abb. 46. Gehäusekopf für Selbstschluß-Wasserstandanzeiger, LON 3262 (Deutsche Lokomotivbau-Vereinigung). Man beachte: Grenzmaße, Gewindeangaben, großen Halbmesser ≈ 375, Angaben für den Kegel usf. Das Maß „≈ 375" vergleiche man mit Abb. 73.

(beiderseits mit Mutter), Stiftschrauben und Gewindestifte. Eine vom Normenausschuß herausgegebene Zusammenstellung umfaßt 141 Schraubenformen und 56 Mutterformen (siehe Abb. 47 und 48).

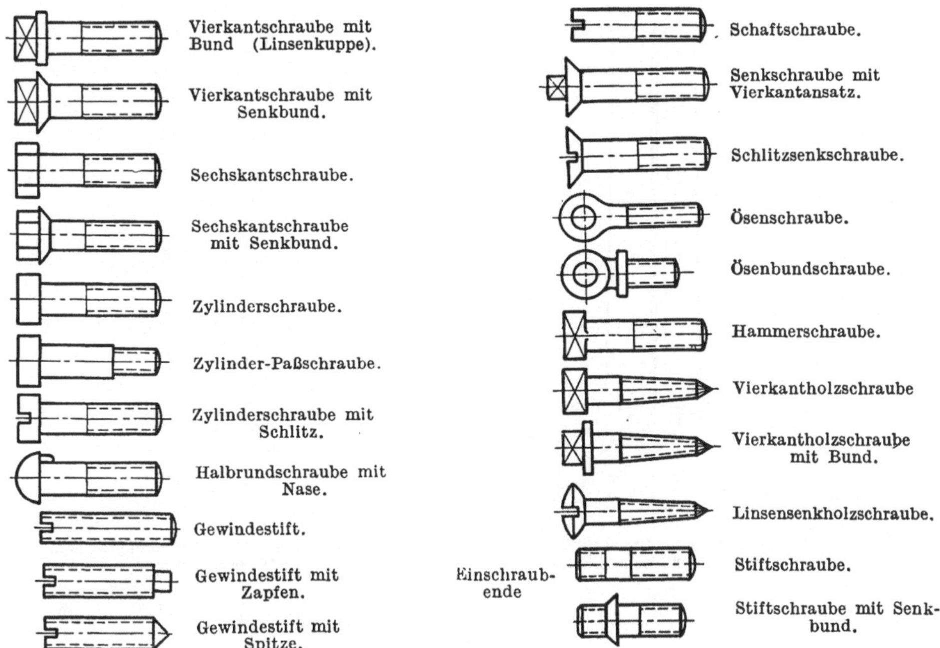

Abb. 47. Schraubenarten. (Man beachte, daß die Grenzlinie zwischen Schaft und Gewinde, der sogenannte Gewindeauslauf, schwach zu ziehen ist.)

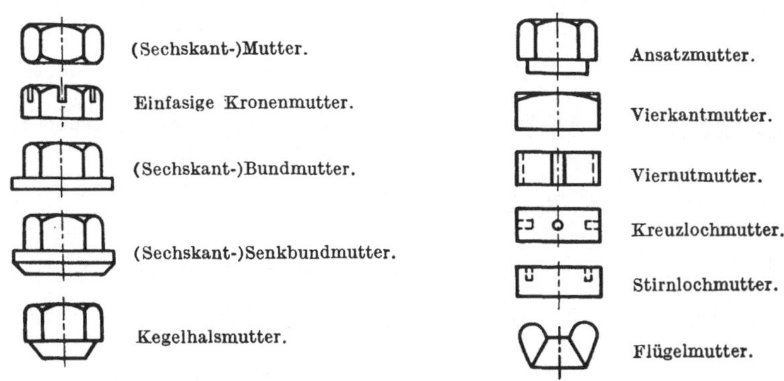

Abb. 48. Muttern.

b) Zahnräder. Bei Stirnrädern erhält der Teilkreis Strichpunktlinien, der Kopfkreis wird voll ausgezogen und der Fußkreis gestrichelt (Abb. 49).

Bei kleineren Getriebeanordnungen kann der Fußkreis (Abb. 50), bei noch einfacherer Darstellung kann auch der Kopfkreis wegfallen. Abb. 51 stellt ein Stirnrad mit schrägen Zähnen, Abb. 52 ein Kegelräderpaar mit Winkelzähnen dar. Beide Bilder sind mit Vorsicht zu verwenden. Bei einer technisch richtigen Skizze

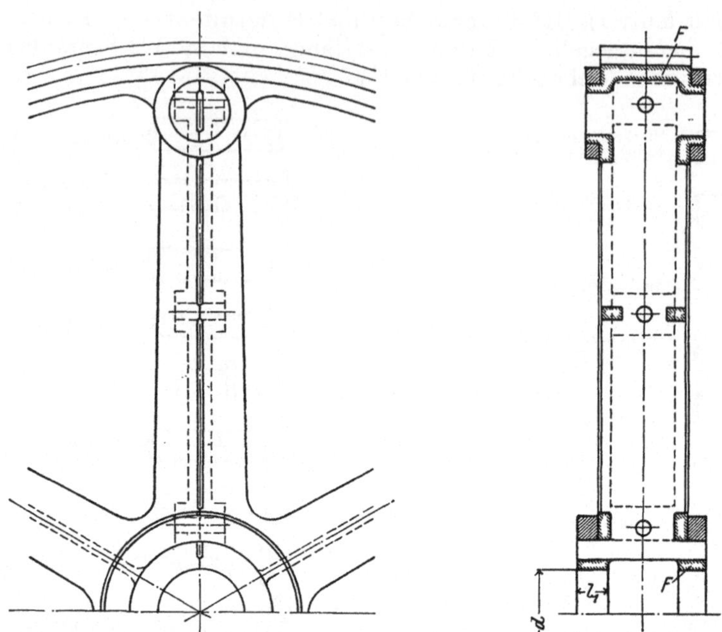

Abb. 49. Geteiltes Zahnrad. Die Teilung (Sprengung) erfolgt nach dem Guß; F = Sprengflächen. Der Fußkreis, der hier voll ausgezogen ist, muß nach DIN 37 gestrichelt werden.

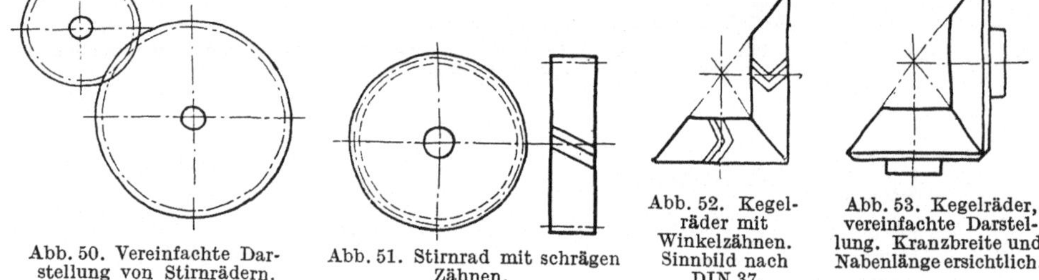

Abb. 50. Vereinfachte Darstellung von Stirnrädern.

Abb. 51. Stirnrad mit schrägen Zähnen.

Abb. 52. Kegelräder mit Winkelzähnen. Sinnbild nach DIN 37.

Abb. 53. Kegelräder, vereinfachte Darstellung. Kranzbreite und Nabenlänge ersichtlich.

Niete mit beiderseitigem Halbrundkopf:

∅ des fertig geschlagenen Nietes =	11	14	17	20	23	26	29 mm und größer
Sinnbild							35

Senkniete:

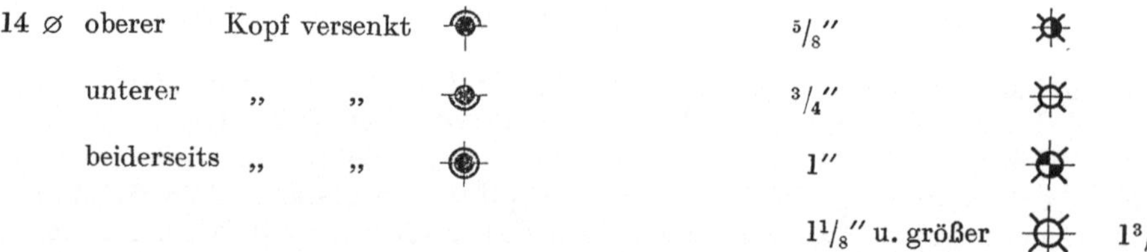

Abb. 54. Darstellung der Niete und Schrauben bei Eisenkonstruktionen.

Tafel II. Schweißzeichen. (Auswahl aus DIN 1912, Ausgabe Mai 37. Verbindlich für die Angaben der Tafel II bleiben die DIN.)

Benennung		Maßstäbliche Darstellung	Sinnbild
Stumpfnaht[1]	I-Naht	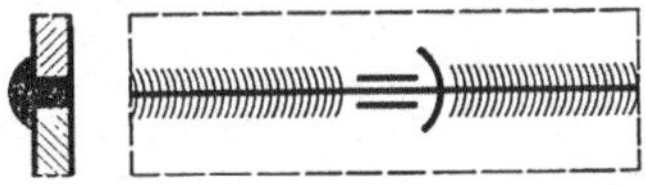	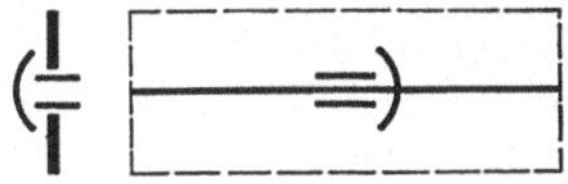
	V-Naht	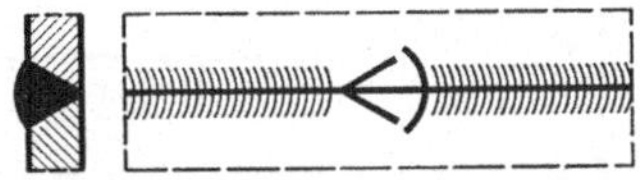	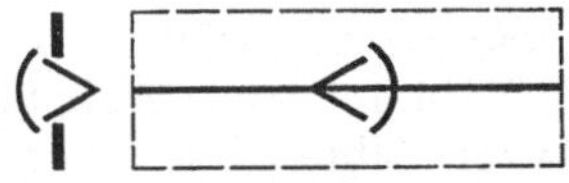
	X-Naht	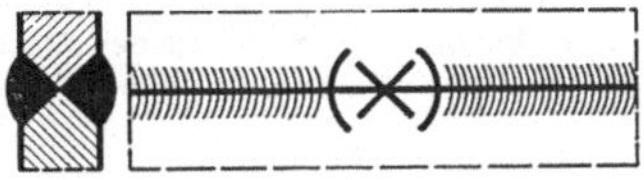	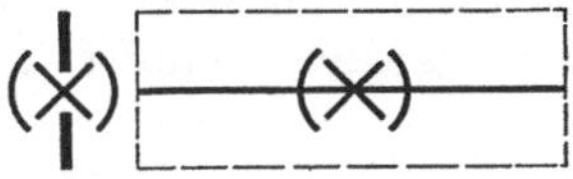
Kehlnaht (Überlappter Stoß)	flach und durchlaufend	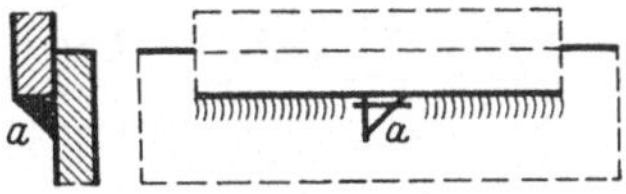	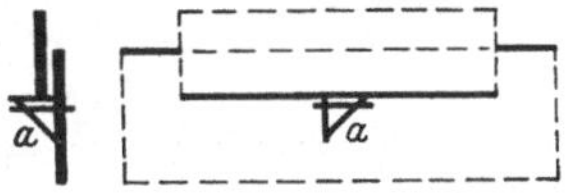
	hohl und durchlaufend	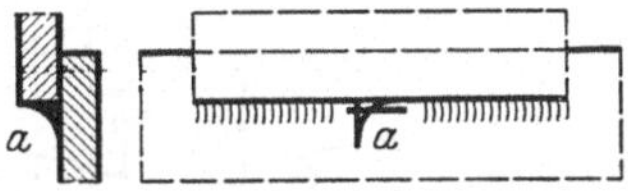	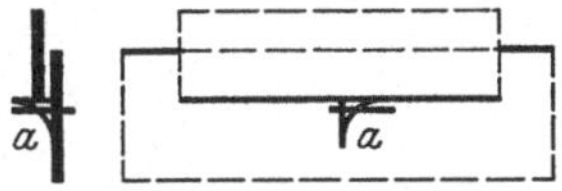
	überwölbt und unterbrochen	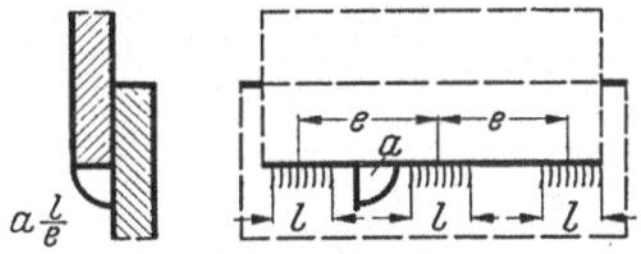	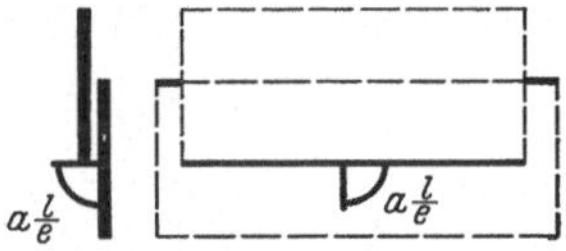
	leicht und unterbrochen	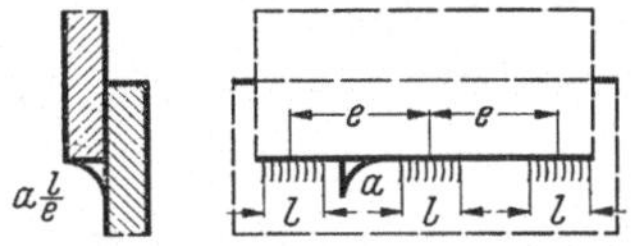	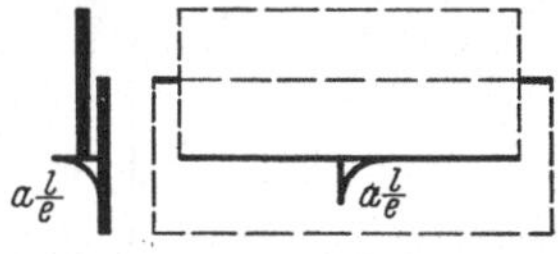
Kehlnaht (T-Stoß)	überwölbt einseitig durchlaufend	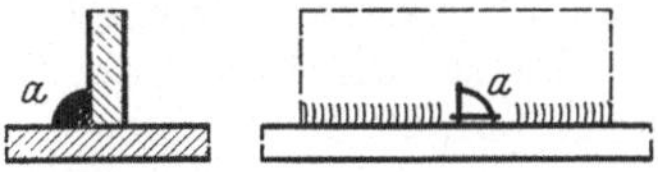	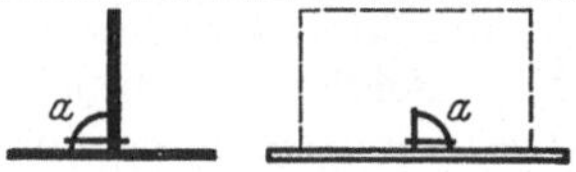
	überwölbt zweiseitig durchlaufend	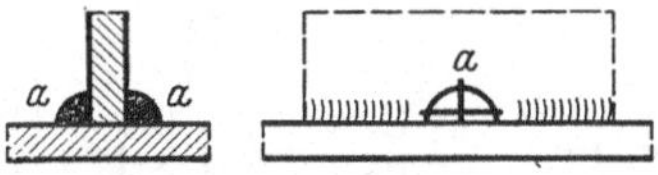	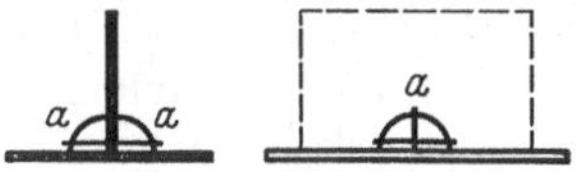
	überwölbt einseitig unterbrochen	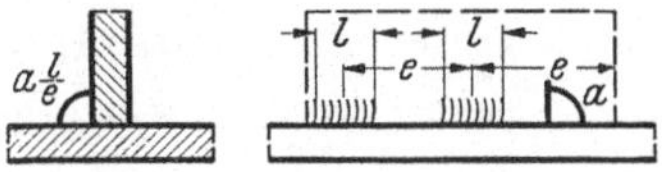	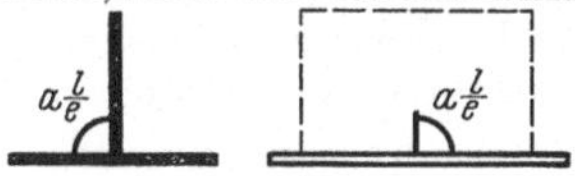
	überwölbt zweiseitig unterbrochen	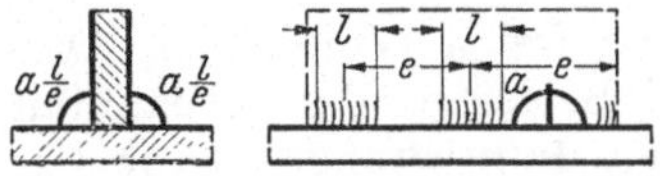	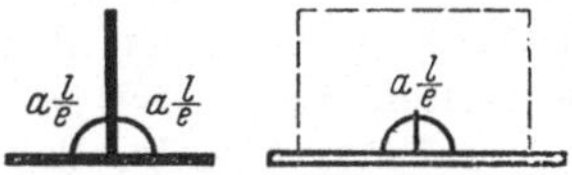

[1] Bei Schweißnähten ohne Wulst (Wulst abgearbeitet) werden statt der gebogenen Schraffen gerade Schraffen gezeichnet.

eines Getriebes muß **stets** die Kranzbreite **und** die Nabenlänge mit angegeben werden (Abb. 53).

c) Niete. Bei Eisenkonstruktionen (also **nicht** im Maschinen- und Kesselbau) sind abgekürzte Zeichen nach Abb. 54 für Niete und Schrauben üblich (vgl. DIN 139).

d) Sinnbilder für Schweißnähte. Siehe Tafel II (nach DIN 1912, Ausgabe Mai 1937). Die Bedeutung des Maßes a für flache, überwölbte und hohle Naht folgt aus Abb. 55. Die überwölbte Naht wurde früher „voll“, die hohle Naht „leicht“ genannt. Außer der Dicke der Naht kann noch die ununterbrochene Länge l angegeben werden, z. B. 7 · 300. Bei der unterbrochenen Naht ist l die Länge der Raupe und e die Teilung.

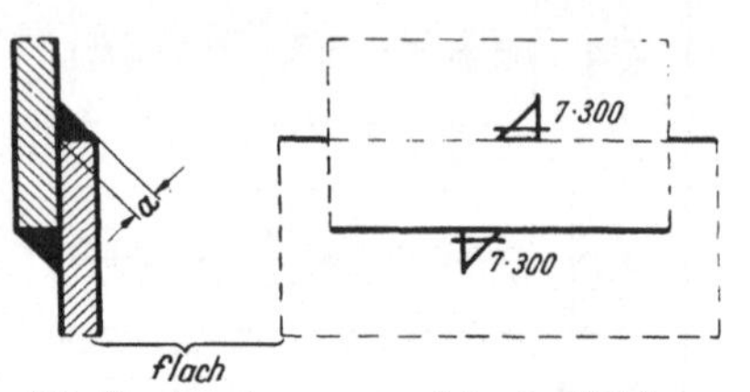

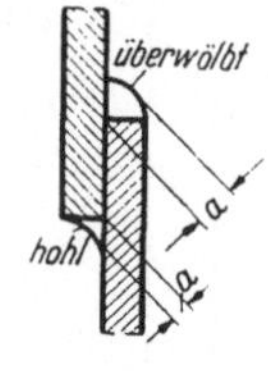

Abb. 55. Angabe von a u. l in der Zeichnung. Im neuen Entwurf (Mai 1940) wird ein Bezugstrich mit Pfeil vorgeschlagen.

Δ7-300E

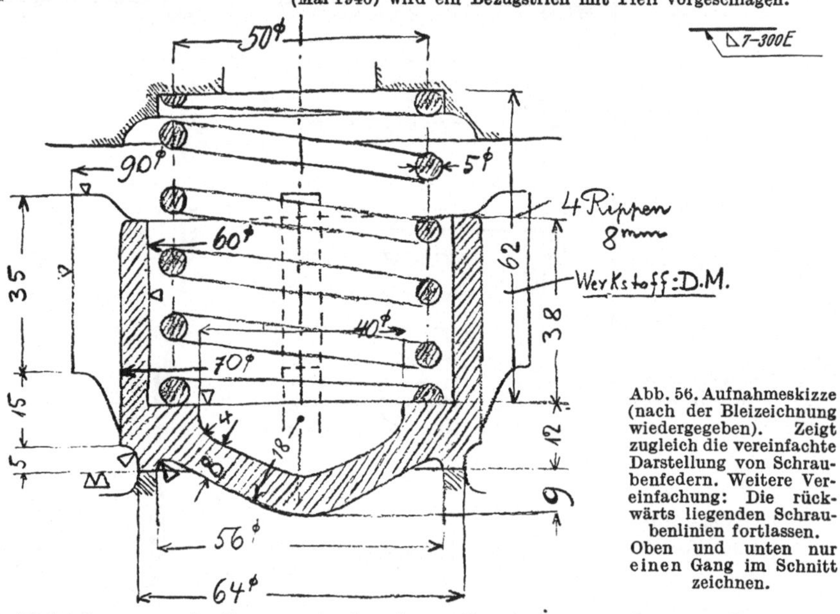

Abb. 56. Aufnahmeskizze (nach der Bleizeichnung wiedergegeben). Zeigt zugleich die vereinfachte Darstellung von Schraubenfedern. Weitere Vereinfachung: Die rückwärts liegenden Schraubenlinien fortlassen. Oben und unten nur **einen** Gang im Schnitt zeichnen.

Die Kennzeichnung der Schweißraupen durch gebogene Schraffen ist nur zu verwenden, falls die Zeichnung dadurch klarer wird.

e) Federn. Federn werden meist im Schnitt dargestellt (Abb. 56), die Angabe der rückwärtigen Windungen kann unterbleiben. Anzugeben sind: Drahtstärke, mittlerer Windungsdurchmesser, Zahl der freien Windungen, Drahtlänge, Länge der ungespannten Feder, Länge und Belastung der gespannten Feder (DIN 29).

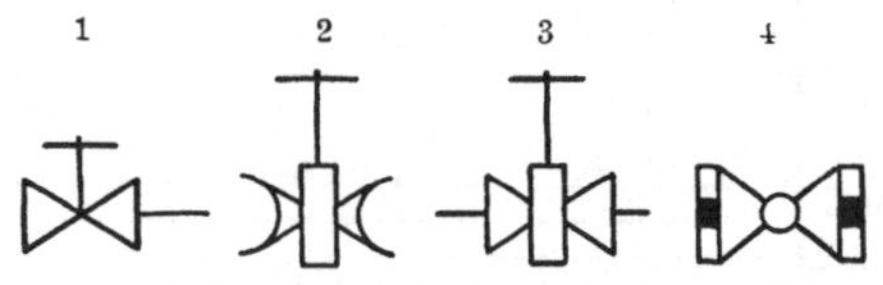

Abb. 57. Sinnbilder für Rohrpläne. 1: Durchgangsventil mit Flanschen. 2: Schieber mit Gußrohrmuffen. 3: Schieber mit Flanschen. 4: Hahn mit Gewindemuffen.

Abb. 58. Schieber mit Gußrohrmuffen, maßstäblich (≈ 1:20

f) Hähne, Ventile, Schieber, Rohrleitungen (Abb. 57 u. 58 nach DIN 2429).

g) Triebwerksteile, vgl. DIN 991.

usf.

5. Das Eintragen der Maße.

Die Maßzahlen sind „maßgebend“ für die Ausführung. Sie müssen daher **produktionsgerecht** eingeschrieben werden, also a) werkstückgerecht (d. h. bei Gußstücken anders als bei Schmiedestücken, bei Vorrichtungen anders als bei Zahnradfräsern), b) werkzeuggerecht und c) festigungsgerecht. Die Forderung unter b und c wird bei Punkt 10, S. 23 näher erläutert.

a) Hauptregeln.[1]

1. Maßlinien und Maßhilfslinien werden schwach voll ausgezogen. Die Maßlinien werden an der Stelle der Maßzahl unterbrochen. Die Maßhilfslinien sind senkrecht zur Maßlinie zu ziehen und laufen rd. 3 mm über diese hinaus. Ausnahmsweise sind die Maßlinien unter 60° zur Maßlinie zu ziehen (Abb. 72). Die Maßhaken oder Pfeile sind nach *a* oder *b*, nicht nach *c* auszuführen.

2. Die Maßlinien dürfen nicht zu dicht neben den Körperkanten und nicht zu nahe bei anderen Maßlinien stehen.

3. Körperkanten und Mittellinien dürfen nicht als Maßlinien, Maßlinien nicht als Maßhilfslinien benutzt werden. Maßlinien dürfen nicht die Verlängerung von Körperkanten bilden. Unnötige Kreuzungen zwischen Maßlinien und Maßhilfslinien und Körperkanten sind zu vermeiden. (Die kleineren Maße näher an die Körperkanten legen!)

4. Es sind nur die erforderlichen (also keine unnötigen) Maße anzugeben. Man wiederhole die Maße ausnahmsweise nur dann in mehreren Ansichten, wenn dadurch die Zeichnung deutlicher wird oder das gleiche Maß von den verschiedenen Arbeitern (Modelltischler, Vorzeichner, Dreher usf.) in verschiedenen Ansichten gesucht wird.

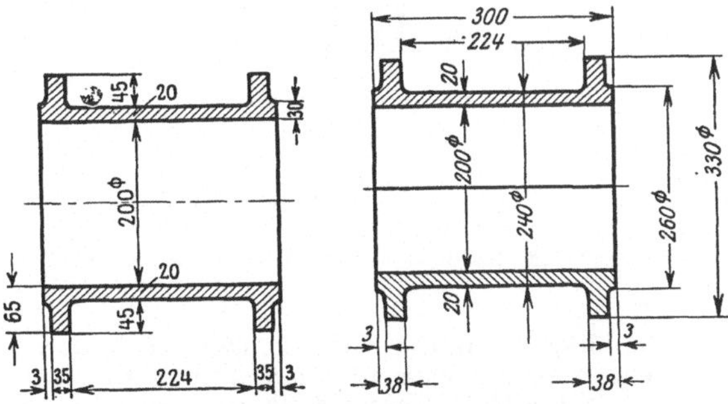

Abb. 59. Zweiteilige Lagerschale.
Falsch. Richtig.
Zu Abb. 59 links: Teillinie fehlt, Schraffen laufen falsch. Maßzahlen stehen senkrecht. Maßlinien sind nicht unterbrochen, wichtige Maße fehlen. Maß 20 steht falsch, Maße 45 und 65 sind sinnwidrig.

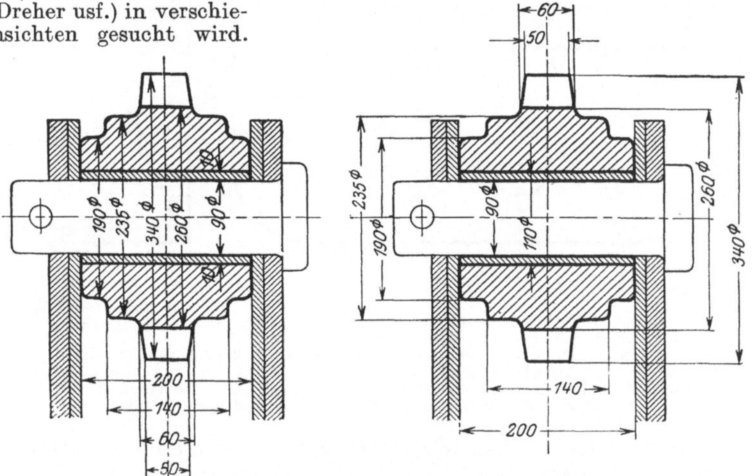

Abb. 60. Falsch. Abb. 61. Richtig.
Zu Abb. 60: Maßzahlen zu dicht nebeneinander. Mittellinien schneiden die Maßzahlen. Viele Kreuzungen zwischen Maßlinien und Maßhilfslinien.

[1] Die Abb. 59—78 zeigen das Grundsätzliche der Maßeintragung. In Abb. 59—62 sind keine Oberflächenzeichen eingetragen, in Abb. 63—79 keine Grenzmaße. Über „Grenzmaße“, „Normungszahlen“ und „Genauigkeit der Form und Lage“ s. S. 30, 89 u. 90.

(Mehrfach eingetragene Maße werden bei Vornahme von Änderungen leicht übersehen und geben dann zu Irrtümern Anlaß!) Die Maße für **einen** Arbeitsgang (z. B. Lochdurchmesser und Lochtiefe, Länge und Breite einer Arbeitsleiste, Maße eines Kegels usf.) verteile man **nicht auf mehrere Ansichten.**

5. Die Maßzahlen sollen auf Werkzeichnungen 5 oder 4 mm hoch sein. Auf Zeichnungen in kleinerem Maßstab ist die Höhe = 3 mm. Die Maßzahlen sind deutlich zu schreiben, ohne Schnörkel, so daß 1 oder 4 nicht mit 7, 5 nicht mit 6 verwechselt werden kann. Alle Maßzahlen sind in gleicher Neigung (75°) zur Maßlinie einzuschreiben.

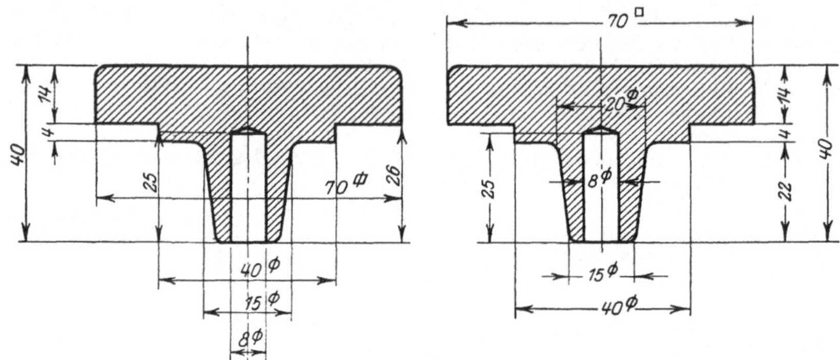

Abb. 62a. Falsch. Abb. 62b. Richtig.

Zu Abb. 62a: Maßlinien stehen in Verlängerung von Körperkanten. Falsches Quadratzeichen. Sonstige Fehler?

6. Die Mittellinien, die Körperkanten und Maßlinien sollen die Maßzahlen nicht durchschneiden. Muß eine Maßzahl in eine geschraffte Querschnittsfläche eingeschrieben werden, so sind die Schraffen an dieser Stelle zu unterbrechen. Maße sind nur dann herauszuziehen, wenn dadurch die Zeichnung klarer wird, sehr weites Herausziehen ist auf alle Fälle zu vermeiden. In das in Abb. 67 geschrafft angegebene Feld sollen keine Durchmessermaße eingeschrieben werden[1].

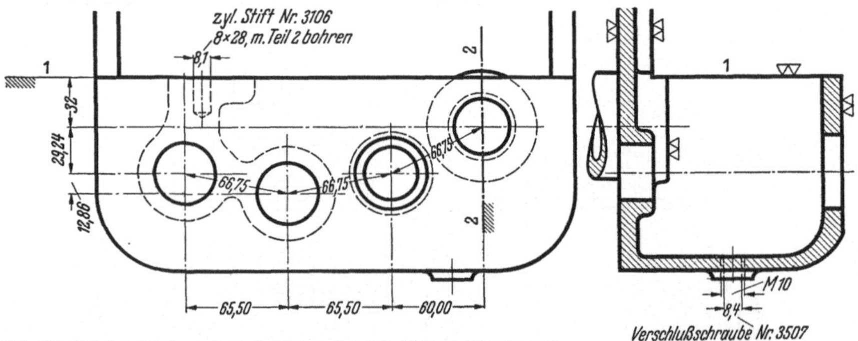

Abb. 63. Getriebekasten. Ausschnitt aus der Arbeitsbegleitkarte, vereinfacht; nur einige Maße für das Bohren sind angegeben. Senkrechte Maße werden von Fläche 1—1, waagerechte von der Achse 2—2 gemessen. Die Modelltischlerei arbeitet nach besonderer Modellzeichnung. Betreffs der Lochabstände vgl. S. 23. Nach den Heergerätnormen erhalten Lochabstände eine ± Toleranz; z. B. 25 ± 0,05. Die Toleranz darf überschritten werden, falls die Bohrungs-Ø über dem Kleinstmaß liegen.

7. Die Maße sind gut zu verteilen, nicht an wenigen Stellen zusammenzudrängen. Kettenmaße oder Staffelmaße, d. h. in einer Linie hintereinander angeordnete Maße, müssen sich auf das gleiche Stück beziehen. Bei Hohlkörpern darf eine Maßkette nicht gleichzeitig Innen- und Außenmaße enthalten[2].

---

[1] Läßt es sich nicht vermeiden, so soll die Maßzahl von **links** her lesbar sein.

[2] Mechanisches Aneinanderreihen von Maßen zeugt von Mangel an praktischem Verständnis und von gedankenlosem Arbeiten.

8. Maßangaben, die mit der Länge der Maßlinie nicht übereinstimmen (nachträglich verbesserte oder geänderte Maßzahlen), sind zu unterstreichen. (Diese Regel gilt nicht für Maße an abgebrochen gezeichneten Teilen.) Maßänderungen s. S. 51.

9. Winkelangaben erfolgen nach Abb. 77a oder 79. Winkelangaben im Schraubenlochkreis zeigt Abb. 74.

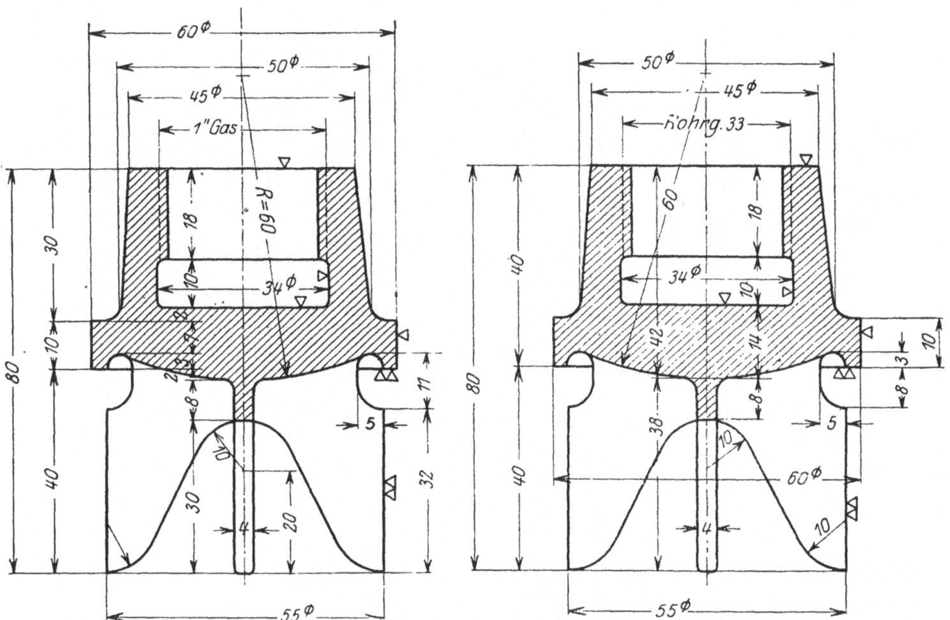

Abb. 64a. Falsch. Maßkette enthält Außen- und Innenmaße. Schraffen gehen über die Maßzahlen. Maß $R = 60$ steht falsch, Halbmesserzeichen falsch und überflüssig.

Abb. 64b. Maße gut verteilt. Die Maße 42 und 14 sind für den Modelltischler bestimmt. (Statt Rohrg. 33 ist *R* 1" zu schreiben.)

10. Die Hauptmaße (Baulängen und Bauhöhen, Abstände der bearbeiteten Hauptflächen von den Mittellinien und voneinander, die Abstände der Bohrungsmitten, die Hauptdurchmesser, Lochkreisdurchmesser usw.) sollen besonders leicht auffindbar sein und womöglich dort stehen, wo der Arbeiter (Modelltischler, Schmied, Vorzeichner, Dreher, Monteur usw.) sie braucht. Bei Hobel- und Fräsarbeiten wird man zuerst jene Flächen und bei Dreh- und Bohrarbeiten jene Mittellinien (Achsen) festlegen, die als Bezugsflächen oder Bezugsachsen dienen und mit deren Hilfe das Ausrichten, das Spannen, die Aufnahme in Vorrichtungen und Sondermaschinen usw. erfolgt. Die zu bearbeiteten Flächen werden dann mit Oberflächenzeichen versehen und die zugehörigen Maße so angeordnet, daß die Maßpfeile in der Nähe der Oberflächenzeichen stehen.

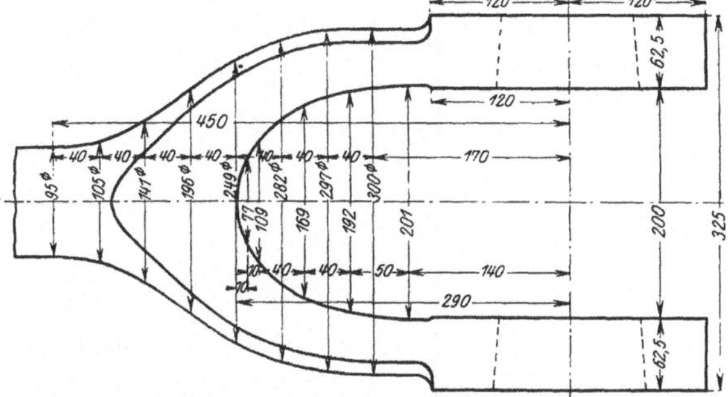

Abb. 66. Ausnahmsweise Verwendung von Maßlinien als Maßhilfslinien. (Ersatz der Kurve durch Kreisbogen ist vorzuziehen.)

Dabei muß man berücksichtigen, ob ein Facharbeiter (z.B. der Modelltischler oder Gesenkebauer) nach der Zeichnung ein Modell oder Gesenk anzufertigen hat, d. h. ob er die Maße zur Herstellung benötigt oder ob er die Werkzeichnung (oder eine Arbeitsbegleitkarte) und das unbearbeitete Werkstück erhält und nur die Bearbeitung oder Teilbearbeitung (z. B. das Schleifen) durchzuführen hat oder endlich ob der Einrichter nach der Zeichnung oder einem besonderen

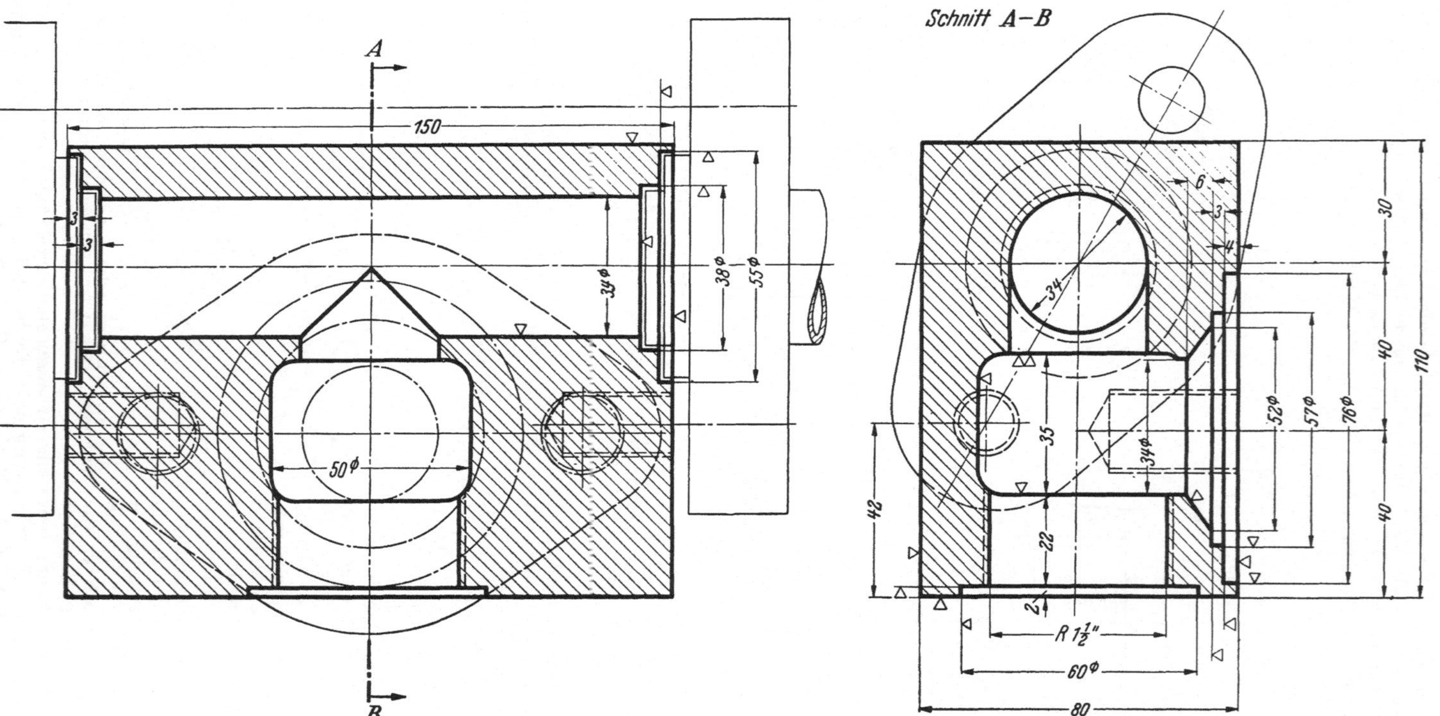

Abb. 65. Ventilkörper, aus dem Vollen gebohrt (Ausschnitt aus einer Werkzeichnung). Zeigt Bohrungen, die vor dem Schnitt liegen (Strichpunktlinien) und Anschlußteile (feine Vollinien). Verteilung der Maße und Oberflächenzeichen beachten! Maße mit Toleranzangaben versehen. Stehen die ▽ in der Nähe der Maßpfeile?

Einstellplan die Werkzeuge einstellt und die Maße auf der Zeichnung gar nicht für den Arbeiter, z. B. einem angelernten Revolverdreher bestimmt sind, sondern für den Einrichter und den Revisor. Auch die Bearbeitungs- und Meßverfahren sind zu beachten. Wird z. B. der Mittelabstand zweier Bohrungen, die in waagrechter Richtung um 280, in lotrechter Richtung um 140 mm voneinander abstehen, mit Endmaßen gemessen oder mit einer

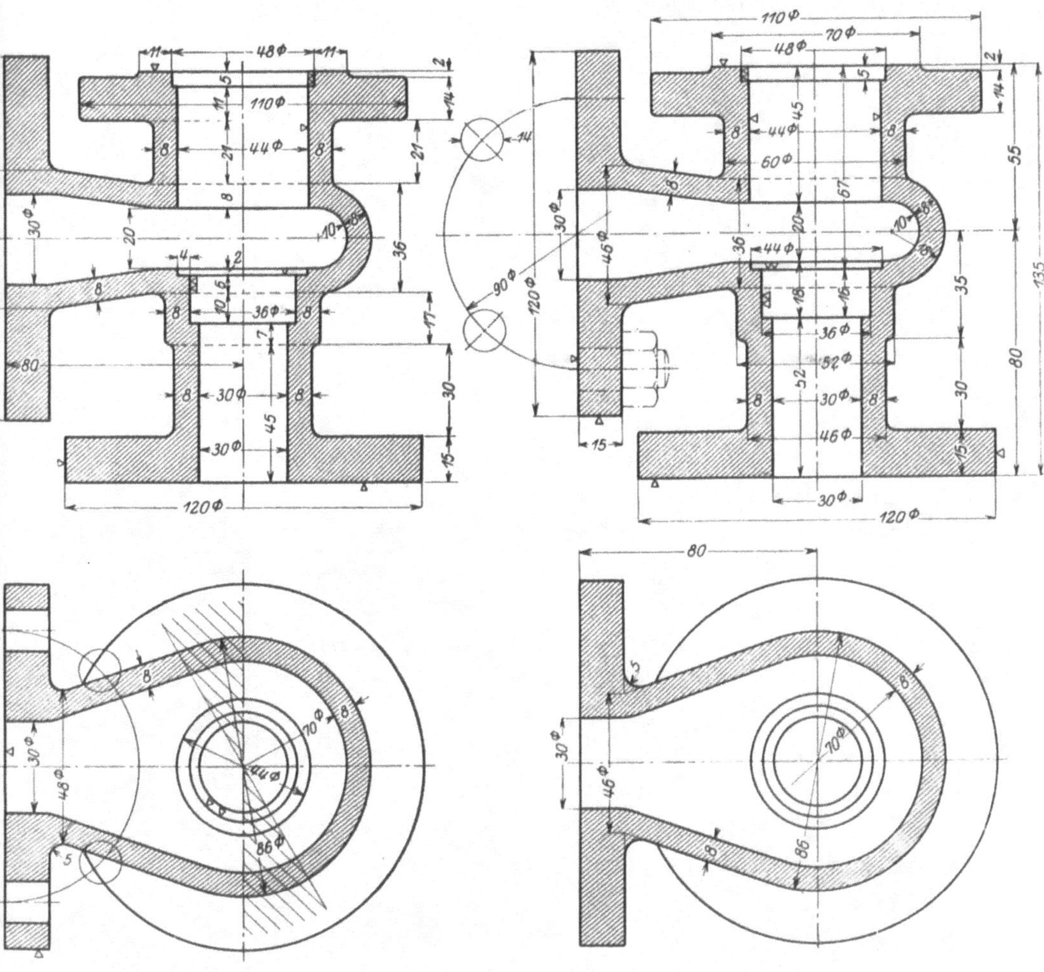

Abb. 67. Falsch.

Abb. 68. Teilweise berichtigt. Kritik?

Zu Abb. 67: Falsche Maßketten. Hauptmaße schlecht auffindbar. Maß 86∅ steht falsch. Maßlinie zu 70∅ soll etwas über die Mitte verlängert werden. Oberflächenzeichen (∇) sind schlecht verteilt. (Sonstige Fehler?)

Zu Abb. 68: Innendurchmesser, Außendurchmesser und Wandstärke sind nur scheinbar eine Überbestimmung. Der Innendurchmesser ist für den Kern, Außendurchmesser und Wandstärke sind für den Modellriß, für Kernstützen, Kernschnallen usw. erforderlich. Das Durchmessermaß 86 wird besser durch das Halbmessermaß 43 ersetzt, da kein voller Kreis vorhanden ist. (Der Übergang vom Flansch zum Stutzen ist nach Abb. 119 c auszuführen.)

Sonderlehre, so ist der Mittenabstand aus $\sqrt{140^2 + 280^2}$ zu berechnen und genau einzuschreiben. Oft liegen die Lochabstände fest (z. B. Achsabstände bei einem Getriebekasten). Dann müssen für eine Bohrmaschine, bei der die Einstellung mit Maßstab und Meßmikroskop erfolgt (z. B. Lehrenbohrmaschine) die Koordinatenmaße berechnet werden (Abb. 63). Bei großer Lochzahl stelle man einen Bohrplan auf.

b) Kurzzeichen und Vereinfachungen.

1. Durchmesserzeichen: ⌀ (Kreis mit kurzem, geradem Strich, nicht *Φ*!), steht erhöht hinter der Maßzahl. Durchmessermaße in Kreisen erhalten kein Durchmesserzeichen, falls die Maßlinie ganz durchgezogen ist. Wird aber die Maßlinie nicht ganz durchgezogen, oder ist der Kreis nur halb gezeichnet, so muß das

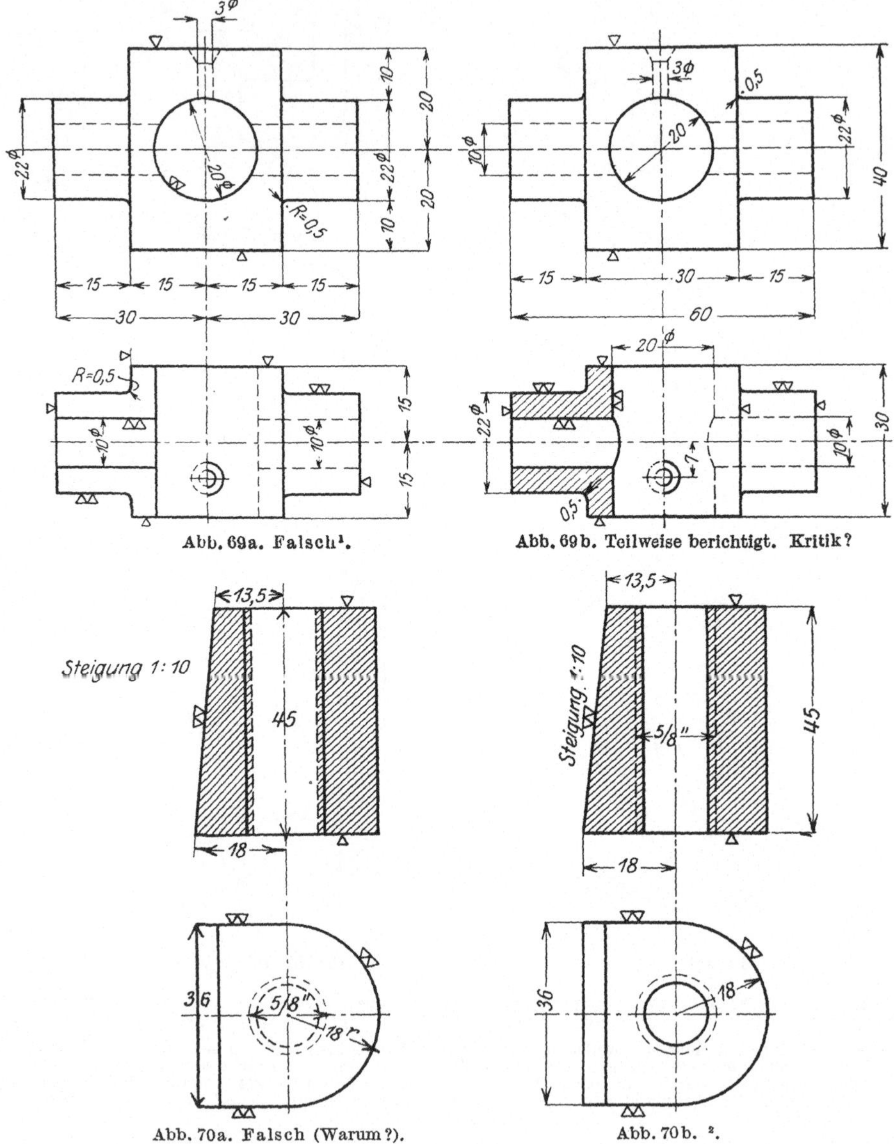

Abb. 69a. Falsch[1]. Abb. 69b. Teilweise berichtigt. Kritik?

Abb. 70a. Falsch (Warum?). Abb. 70b. [2].

---

[1] Maßhilfslinien sollen ~3 mm über die Maßlinien hinausgehen. Halbmesserangaben unrichtig; Maß 20 ⌀ steht falsch, ⌀-Zeichen überflüssig; Oberflächenzeichen (▽) sind zu sehr zerstreut. Sonstige Fehler?

[2] Maßangaben und Gewinde richtig. Statt „Steigung" ist „Neigung" zu schreiben (vgl. Abb. 76b). Fertigung schwierig. (Halbzylinder stoßen oder fräsen? Vgl. S. 64, Abb. 138.)

Zeichen ∅ zugefügt werden, um Verwechslungen mit einem Halbmesser zu vermeiden. Bei kugeligen Teilen, die nur in einer Ansicht gezeichnet sind, kann hinter die Durchmesserangabe die Wortangabe „Kugel“ geschrieben werden.

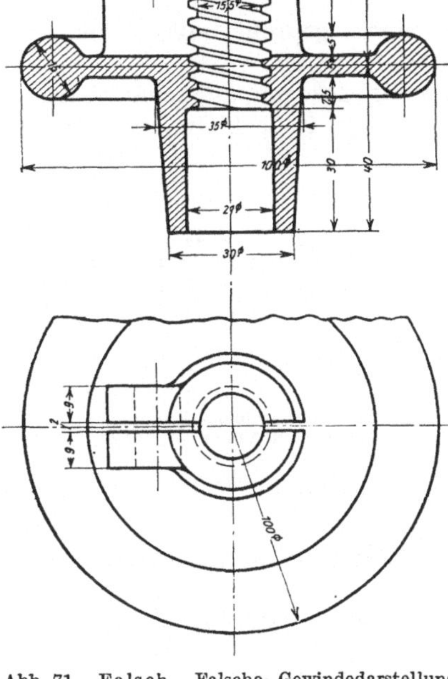

2. Halbmesserzeichen: Erhöhtes kleines r hinter der Maßzahl.

Das Zeichen ist nur einzutragen, falls der Kreismittelpunkt nicht angegeben wird. Ist r sehr groß und soll die Lage des Mittelpunktes, der außerhalb der Zeichenfläche liegt, durch Maße festgelegt werden, so kann der Halbmesser ausnahmsweise nach Abb. 73 oder 46 eingetragen werden. Besondere Sorgfalt erfordert das Eintragen der Halbmesser bei kleinen Rundungen, Abb. 75, 78 u. 100. Oft empfiehlt es sich, die betreffenden Stellen vergrößert herauszuzeichnen (vgl. Abb. 155). Über Rundungen siehe auch S. 67 und Abb. 152.

Abb. 71. Falsch. Falsche Gewindedarstellung und unrichtige Gewindeangaben. Maßzahlen zu klein, Hauptmaße schlecht auffindbar usw. Bruchlinie zu stark. Sonstige Fehler?

Abb. 72. Zeigt Maßhilfslinien unter 60° und Maße bei Rundungen. Die Maße 25, 10, 15, 5 sind für einen Formstahl bestimmt. Für Werkzeuge auf Anschlag sind die Abstände 25, 35, 50 und 55 anzugeben. (Hülse dient einem Sonderzweck. Herstellung der 3 hintereinander liegenden Kegel ist schwierig.)

3. Vierkantzeichen: Erhöhtes kleines Quadrat ohne Querstrich, hinter der Maßzahl. Quadrat deutlich zeichnen (□, nicht ▱), mit scharfen Ecken, damit es sich auffällig vom Kreis unterscheidet! Geht die Vierkantform nicht unzweideutig aus einer zweiten Ansicht (Draufsicht) her-

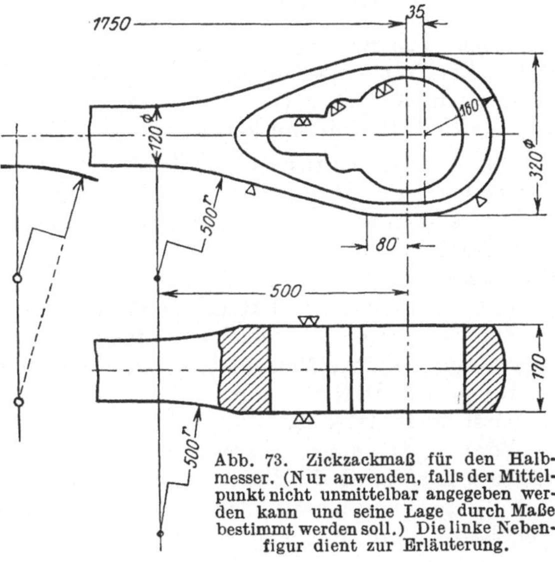

Abb. 73. Zickzackmaß für den Halbmesser. (Nur anwenden, falls der Mittelpunkt nicht unmittelbar angegeben werden kann und seine Lage durch Maße bestimmt werden soll.) Die linke Nebenfigur dient zur Erläuterung.

vor, so sind die Ansichtsflächen außerdem durch schwache, sich kreuzende Linien zu kennzeichnen. (Vgl. Abb. 77a.)

4. Gewalzter, gepreßter, gezogener Werkstoff (vgl. die Profilbücher der Lieferwerke).

Kurzzeichen für die Winkel-, U-, T-, Doppel-T- und Z-Form: L ⊏ ⊥ I ⅂. In vielen Fällen ist genaue Angabe des Werkstoffes und der Normen erforderlich, z. B. T-Stahl von 100 mm Breite und 50 mm Steghöhe aus Stahl 37 nach DIN 1612: ⊥ 10 × 5 St 37 · 12.

Winkel-Aluminium, 20 mm Schenkel, 4 mm stark, gepreßt, mit gerundeten Kanten: Winkelaluminium 20 × 20 × 4 DIN 1771 Al 98/99.

Flachmessing, gezogen, mit scharfen Kanten: Flachmessing 10 × 4 DIN 1759 Ms 60 usw.

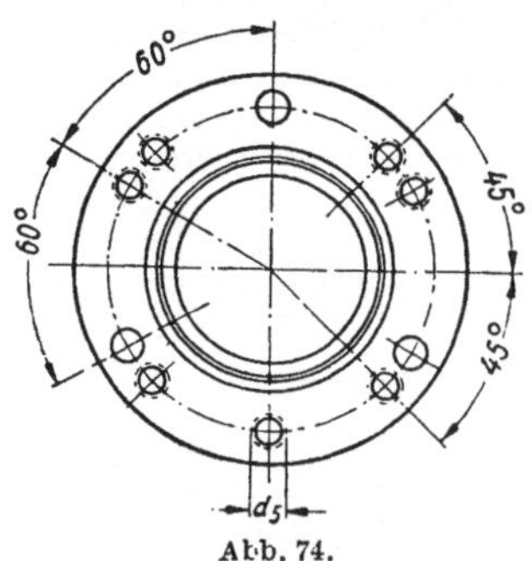

Abb. 74.

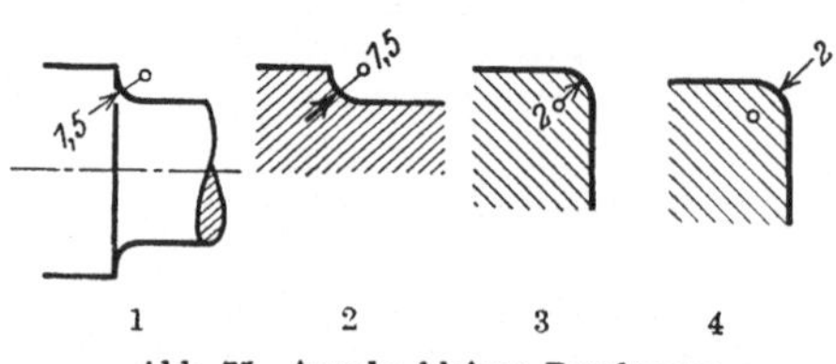

Abb. 75. Angabe kleiner Rundungen. Ausführung 1 nicht zu empfehlen.

5. Gewinde. Abgekürzte Bezeichnungen nach DIN 202:

Whitworth-Gewinde	z. B.	2″
Whitworth-Feingewinde	z. B.	W 100 × 1/6″ (Außengewindedurchmesser = 100 mm, Steigung = 1/6″, Gangzahl 6 Gang auf 1″).
Whitworth-Rohrgewinde (früher Whitworth-Gasgewinde)	z. B.	R 4″ (4″ = Innendurchmesser des Rohres in Zoll).
Metrisches Gewinde (Regelgewinde)	z. B.	M 80 (80 = Außengewindedurchmesser in mm).
Metrisches Feingewinde	z. B.	M 80 × 4 (4 = Steigung in mm).
Metrisches Trapezgewinde	z. B.	Tr 30 × 6 (vgl. Abb. 71).
Sägengewinde	z. B.	Sg 200 × 36.
Rundgewinde (früher Kordelgewinde) ...		Rd usf.

Besondere Angaben: In Werken, die Schrauben und Gewinde mit verschiedenem Gütegrad verwenden, sind noch die

Buchstaben **f** (für Toleranzen fein), **m** (für Toleranzen mittel) und **g** (für Toleranzen grob)

beizuschreiben.

Z. B. R 1″ m oder M 10 m. (Vgl. Abb. 46.)

Zur eindeutigen Kennzeichnung der Gewindeform ist meist ein Hinweis auf das zugehörige Gewinde-Normblatt erforderlich, z. B. M 10 m DIN 13 oder

Rd 50 × 7 DIN 264 oder

Tr 40 × 16 DIN 263.

Bezeichnung eines mehrgängigen Linksgewindes: Tr 32 × 12 links (2gäng.). Weitere Zusätze sind „dicht", „fest", „kegelig" (vgl. Abb. 189), usf.

6. Kegel, Verjüngung, Schräge. Das Verhältnis der Durchmesserabnahme zur Kegellänge wird „Kegel" genannt.

Es ist (Abb. 76a) $\frac{a-b}{l} = \frac{1}{k}$ = Kegel. Bei der vierseitigen Pyramide mit den Quadratseiten a und b bezeichnet man das Verhältnis $\frac{a-b}{l}$ als Verjüngung. Die Angaben „Kegel“ oder „Verjüngung“ werden parallel zur Mittellinie eingeschrieben.

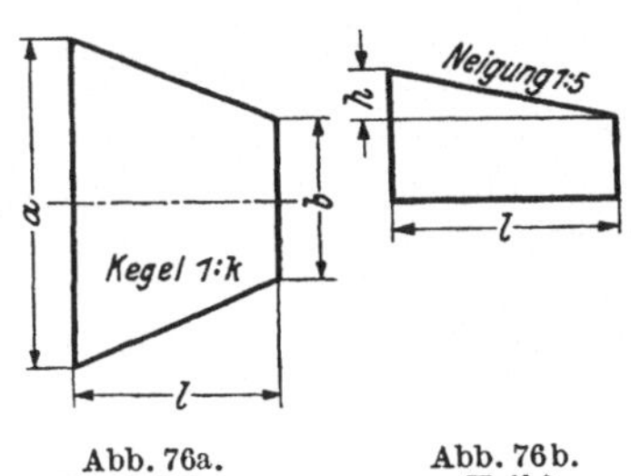

Abb. 76a. Kegel $1:k = \frac{a-b}{l}$.

Abb. 76b. Keil. Neigung h/l.

Wird (z.B. bei Keilen) die Neigung oder Steigung h/l angegeben, so erfolgt die Eintragung meist parallel zur geneigten Kante (Abb. 76b, 78, 70b).

Werte von $1:k$ (siehe DIN 254):

1:50 Kegelstifte, 1:20 metrische Werkzeugkegel, 1:15 Kolbenstangen am Kreuzkopfende, 1:10 keglige Lagerbüchsen, 1:6 Dichtungskegel an Hähnen, 1:1,5 und 1:0,866 Dichtungskegel an Rohrverschraubungen, 1:0,5 Bunde an Kolbenstangen, Dichtungsfläche an Kegelventilen.

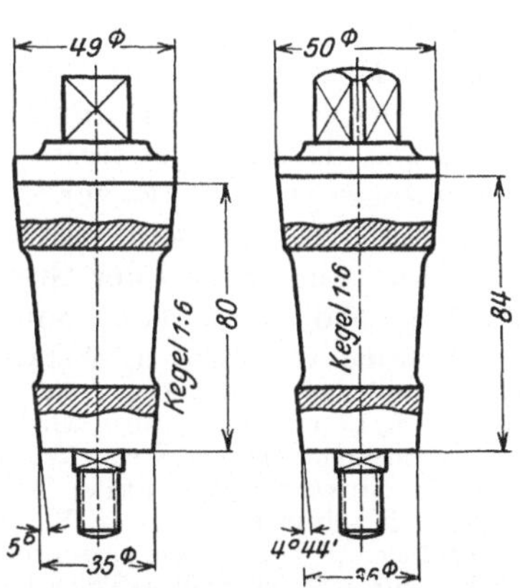

Abb. 77a. (linkes Bild) ist fehlerhaft! Kegel stimmt nicht mit dem Winkel und nicht mit den Maßen überein. Sonstige Fehler? Abb. 77a, rechtes Bild: richtig. Darstellung des Vierkantes beachten. Lage es Vierkantes gegenüber der Hahnöffnung muß aus dem Grundriß ersichtlich sein.

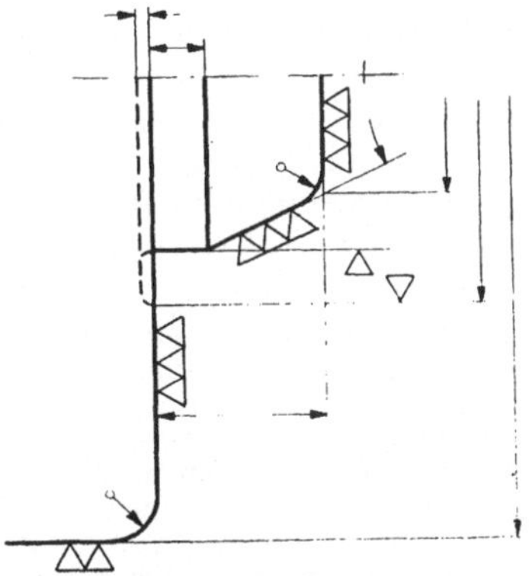

Abb. 77b. Spindelflansch für Revolverbank; Skizze für die Werkzeuganfertigung. (Winkelangaben für den Kegel, kleine Halbmesser, Oberflächenzeichen.)

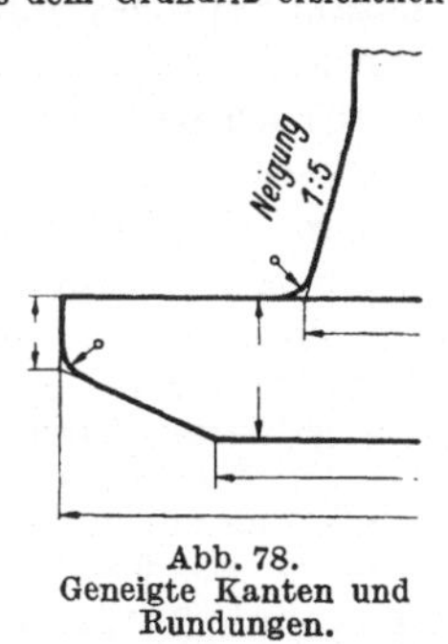

Abb. 78. Geneigte Kanten und Rundungen.

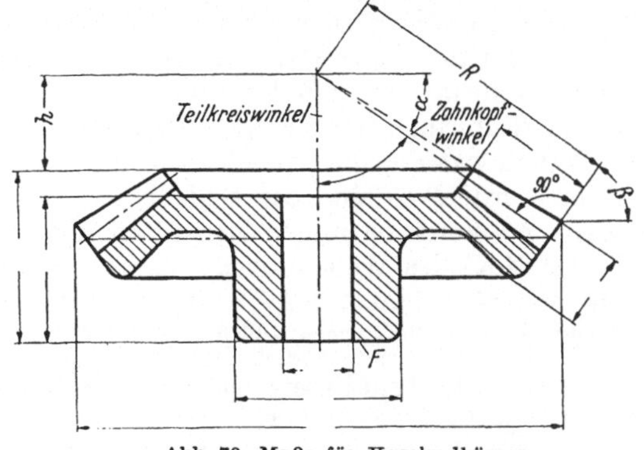

Abb. 79. Maße für Kegelradkörper.

Bei Kegeln sind außer den beiden Enddurchmessern und der Länge noch erforderlich: Kegel $1:k$ oder der halbe Winkel an der Spitze. Die Abmessungen des Kegels sind also überbestimmt. Doch ist — je nach dem Bearbeitungsverfahren — bald die eine, bald die andere Art der Eintragung zweckmäßiger. Die Werte sind genau zu berechnen. Dabei wähle man die Länge derart, daß sich für die Durchmesser günstige Maße ergeben (vgl. Abb. 77a). Der große Durchmesser des Kegels ist aus der Reihe der Normaldurchmesser (siehe S. 31) zu wählen.

Keglige Bohrungen, Übergänge, Rundungen am Kegel: Abb. 72, 78 usf.

Maßeinschreiben bei Kegelrädern: Die Zahnbearbeitung erfolgt meist auf Sondermaschinen. Die Maßeinschreibung richtet sich nach den Arbeitsverfahren. Für den Radkörper sind die aus Abb. 79 ersichtlichen Hauptmaße erforderlich. Maß h muß aus den anderen Angaben durch Rechnung ermittelt werden. Die Winkel α und β sind in Graden und Minuten anzugeben. Winkel β ist gleich dem Teilkegelwinkel (Teilkreiswinkel), aus α + Zahnkopfwinkel folgt der Teilkegelwinkel des Gegenrades. Durch R ist die sog. „Spitzenentfernung" bestimmt. Läuft das Rad mit Fläche F gegen einen Lagerbund, so gebe man für Anpassen ≈ 3 mm zu (vgl. Abb. 112b).

c) Grenzmaße für Wellen und Bohrungen.

Die nachfolgenden Ausführungen stellen eine Anleitung zum richtigen Einschreiben der Grenzmaße (Toleranzmaße), nicht zum Festlegen der Passungen dar. Aber auch zum verantwortlichen Einschreiben oder Überprüfen der Grenzmaße gehört eine klare Einsicht in den Aufbau der Passungssysteme und das Erkennen der Unterschiede zwischen den Spielpassungen, Übergangspassungen und Preßpassungen. Da wir in Deutschland derzeit zwei Systeme[1] nebeneinander gebrauchen, stehen die jungen Konstrukteure gerade jetzt vor einer nicht leicht zu erfüllenden Aufgabe. Sie müssen sich auch bewußt sein, daß Irrtümer, Schreibfehler, Verwechslungen, die beim mechanischen Ablesen der Grenzmaßzeichen aus Hilfstafeln usf. entstehen, sich verhängnisvoll auswirken können.

Die Auswahl der Passungen wird erfolgen müssen auf Grund von Normen, Werkvorschriften und eigenen Erfahrungen. Der Konstrukteur hat sich zunächst zu erkundigen, welches System und welche Passungen in seinem Werk eingeführt sind. In den meisten Fällen wird die Betriebsabteilung oder Fertigungsabteilung entsprechende Anweisungen an die Konstrukteure gelangen lassen. Bei neuen Entwürfen kann die Passung nur im Einvernehmen mit der Werkstätte gewählt werden, bei Reihen- und Massenfertigung wird sie mitunter erst nach Vorversuchen festgelegt. Bevor der Konstrukteur an einer Stelle sehr enge Toleranzen vorschreibt, muß er überlegen, ob nicht (vielleicht nach Abänderung des Entwurfes) auch gröbere Toleranzen ausreichen würden. Man wähle die Toleranzen so grob, daß das Werkstück bei Verwendung der nächst größeren Toleranzen nicht mehr brauchbar wäre.

Bevor auf Einzelheiten eingegangen wird, sollen an einigen ganz einfachen Beispielen die Grundbegriffe einer Passung erläutert werden.

Grundbegriffe. Eine Passung entsteht durch das Zusammenfügen einer Welle mit einer Bohrung, einer Feder mit einer Nut, eines Gleitstückes mit einer Führung. Sollen 50 Stahlringe in beliebiger Reihenfolge (also „austauschbar") zu 50 Bolzen oder Wellen passen, die vielleicht in einer anderen Werkstätte gedreht und geschliffen werden, so sind die Spiele zwischen den Wellen und Bohrungen festzulegen und Vereinbarungen zu treffen über die Grenzmaße (Größtmaß G und Kleinstmaß K) des Wellendurchmessers und Bohrungsdurchmessers (Abb. 80).

Aus Abb. 81 und Abb. 82 folgt, daß die Aufgabe: eine Welle läuft in einem Lager und trägt eine Riemenscheibe — grundsätzlich auf zweierlei Weise gelöst werden kann. Entweder haben die beiden Bohrungen den gleichen Durchmesser und die Welle ist verschieden stark (System der Einheitsbohrung) oder die Welle geht glatt durch (hat also überall den gleichen Durchmesser) und die Bohrungen sind verschieden groß (System der Einheitswelle). Bei

[1] Die DIN-Passungen, geschaffen vom Deutschen Normenausschuß (1917—1919), und die ISA-Passungen (abgeschlossen 1935), die aus den Arbeiten der International Federation of the National Standardizing Associations hervorgegangen sind. Die ISA-Toleranzen werden auch als „Internationale Toleranzen" (abgekürzt IT) bezeichnet. Vgl. O. Kienzle, Werkstatt-Technik und Werksleiter, Bd. 29 (1935), S. 355. Gramenz, DIN-Buch 4 und P. Leinweber, Passung und Gestaltung. Springer-Verlag, 1941.

einem Werk, das nach Einheitsbohrung (EB.) arbeitet, können alle Bohrungen von z. B. 60 mm Nenndurchmesser, gleichen Werkstoff vorausgesetzt, mit den gleichen Bohrern vorgebohrt, den gleichen Reibahlen fertig gerieben und den gleichen Lehren gemessen werden. Ihre Grenzmaße seien z. B. 60,00 und 60,03. Man kann mit dieser Bohrung Spielpassungen und Preßpassungen herstellen, der Charakter der Passung wird durch die Abmaße der Welle bestimmt.

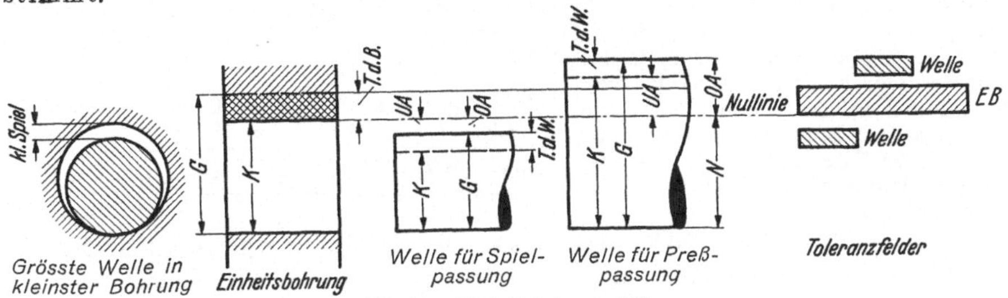

Abb. 80a. Einheitsbohrung EB.

Abb. 80a: Spielpassung: Größtes Spiel = *T.d.B.* + *UA* d. Welle; Kleinstes Spiel = *OA* d. Welle. Preßpassung: Größtes Übermaß = *T.d.W.* + *UA.d.W.* = *OA d.W.*; Kleinstes Übermaß = *UA d.W.* − *T.d.B.* = *K* (Welle) − *G* (Bohrung).

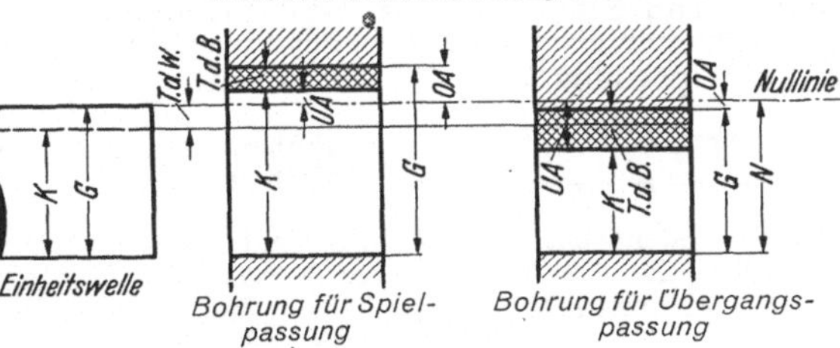

Abb. 80b. Einheitswelle EW.

Abb. 80b: Spielpassung: Größtes Spiel = *T.d.W.* + *OA* d. Bohrung. Übergangpassung: Größtes Übermaß = *UA* d. Bohrung. Größtes Spiel = *T.d.W.* − *OA d.B.* = *G* (Bohrung) − *K* (Welle).

Umgekehrt können bei einem Werk, das nach Einheitswelle (EW.) arbeitet, alle Zapfen von z. B. 60 mm Nenndurchmesser so geschliffen werden, daß sie zwischen den Grenzmaßen 59,98 und 60,0 liegen, gleichgültig, ob sie für engere oder weitere Sitze verwendet werden sollen. Der Charakter des Sitzes wird durch die Abmaße der Bohrung bestimmt.

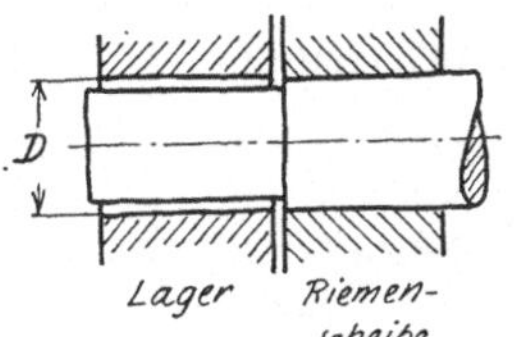

Abb. 81. Einheitsbohrung.

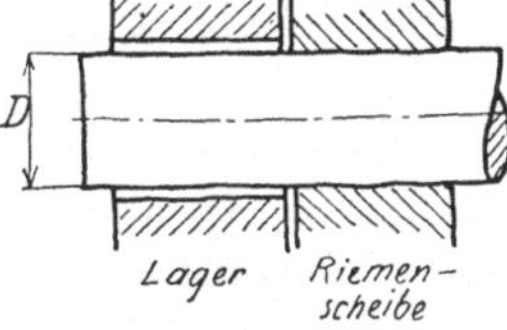

Abb. 82. Einheitswelle.

(Spiel übertrieben gezeichnet.)

Im System der Einheitsbohrung (Abb. 80a) entspricht der Nenndurchmesser[1] N dem Kleinstmaß K der Bohrung ($N = K$). Das Nennmaß vermehrt um die Toleranz (Plus-Toleranz) ergibt die größte Bohrung G. Bei der Einheitswelle (Abb. 80b) entspricht der Nenndurchmesser N dem Größtmaß G der Welle ($N = G$). Das Nennmaß vermindert um die Toleranz (Minus-Toleranz) ergibt die kleinste Welle. Die Null-Linie ist bei der Einheitsbohrung untere, bei der Einheitswelle obere Begrenzung des Toleranzfeldes.

Die Grenzmaße für die Bohrung (bei *EB*) seien z. B. 80 mm und 80,03 mm. Soll sich in dieser Bohrung eine Welle mit etwas Spiel bewegen, so muß ihr Durchmesser vielleicht 79,99 mm betragen. Da aber auch die Welle nicht mit absoluter Genauigkeit hergestellt werden kann, muß man auch für die Welle zwei Grenzwerte zulassen, vielleicht 79,99 und 79,97. Man sagt dann, die Bohrung habe 0,03 mm Toleranz, die Welle 0,02 mm Toleranz. [Meist wird die Toleranz in tausendstel mm angegeben, also 30 tausendstel mm = 0,003 mm = 30 Mikron = 30 μ Definition: 0,001 mm = 1 μ (sprich: mü.] Toleranz ist der Unterschied zwischen den beiden Grenzmaßen G und K eines einzelnen Werkstückes. Das

[1] Den Nenndurchmesser wähle man aus der Reihe der Normaldurchmesser DIN 3. Die Vorzugswerte steigen von 1 bis 5 mm um je 0,5 mm, von 5 bis 28 mm um je 1 mm.

Dann folgen:

30—32—33—34—35—36—38—40
42 — 44—45—46—48—50
52 — — 55 — 58—60
62 — — 65 — 68—70 usf.

Von 100 bis 200 steigen die Durchmesser um je 5 mm, von 200 an steigen die Durchmesser um je 10 mm. (Die Neuausgabe ist noch besser den Normungszahlen angepaßt.)

tatsächliche Maß des Werkstückes wird **Istmaß** genannt. **Spiel** entsteht beim **Zusammenfügen von zwei** Werkstücken, falls der ⌀ beim innenliegenden Stück kleiner ist als der ⌀ beim Außenstück (Abb. 80a). Im obigen Beispiel ist das größte Spiel (*GS*) = 0,06 mm (kleinste W. in größter B.), das Kleinstspiel (*KS*) = 0,01 mm (größte W. in kl. B.). Das mittlere Spiel beträgt 0,035 mm, die Spielschwankung 0,05 mm = Summe der Toleranz der Einzelstücke. Das **Nennmaß** *N* für Bohrung und Welle ist 80 mm, der Unterschied zwischen *G* und *N* wird **oberes Abmaß** (*OA*), zwischen *K* und *N* **unteres Abmaß** (*UA*) genannt. So ist das *OA* der Bohrung = 80,03 — 80 = 0,03 mm, das untere Abmaß *UA* der Welle = 79,97—80 = —0,03 mm. (Siehe untenstehende Zahlentafel.)

Bohrung *G* = 80,03	*K* = 80,00	Tol. = 30 μ
Welle . *K* = 79,97	*G* = 79,99	„ = 20 μ
Spiel . *GS* = 60 μ	*KS* = 10 μ	—
Spielschwankung (Paßtoleranz) . . . . . 50 μ		

Ist der Durchmeser der Welle vor dem Zusammenfügen größer als der Durchmesser der Bohrung, so sagt man die Welle habe Übermaß (vgl. die Preßpassung in Abb. 80a und die Übergangspassung Abb. 80b).

Die Grenzmaße bei den DIN-Passungen. Die Herstellungsgenauigkeit der Paßteile muß bei einer Werkzeugmaschine höher sein als bei einer landwirtschaftlichen

Tafel III. Gütegrade und Sitze bei DIN, Maßeintragung bei DIN u. ISA.

I. Gütegrad: Edelpassung.

Einheitsbohrung: 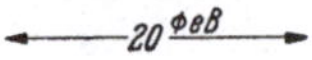 20 ϕ eB
Einheitswelle: 20 ϕ eW

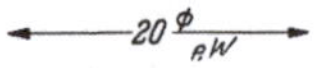

Sitze und Kurzzeichen: Edelfestsitz *e F*, Edeltreibsitz *e T*, Edelhaftsitz *e H*, Edelschiebesitz *e S*, Edelgleitsitz *e G*.

II. Gütegrad: Feinpassung.

Einheitsbohrung: 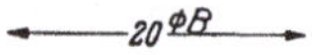 20 ϕ B
Einheitswelle: 20 ϕ W

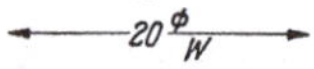

Sitze und Kurzzeichen: Preßsitz *P*, Festsitz *F*, Treibsitz *T*, Haftsitz *H*, Schiebesitz *S*, Gleitsitz *G*, Enger Laufsitz *EL*, Laufsitz *L*, Leichter Laufsitz *LL*, Weiter Laufsitz *WL*.

III. Gütegrad: Schlichtpassung.

Einheitsbohrung: 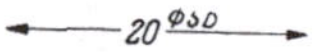 20 ϕ sB
Einheitswelle: 20 ϕ sW

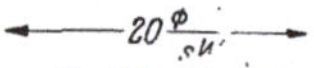

Sitze und Kurzzeichen: Schlichtgleitsitz *sG*, Schlichtlaufsitz *sL*, Weiter Schlichtlaufsitz *s WL*.

IV. Gütegrad: Grobpassung.

Einheitsbohrung: 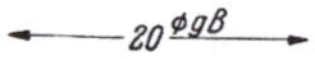 20 ϕ gB
Einheitswelle: 20 ϕ gW

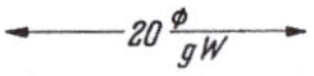

Sitze und Kurzzeichen: Grobsitz *g1*, Grobsitz *g2*, Grobsitz *g3*, Grobsitz *g4*.

Regel: Bei den Bohrungsmaßen oder Innenmaßen stehen die Kurzzeichen **über** der Maßlinie, bei den Wellen oder Außenmaßen **unter** der Maßlinie. Werden für Welle und Bohrung nicht getrennte Teilzeichnungen angefertigt, sondern sind sie zusammengezeichnet, so sind den Kurzzeichen die Worte „Bohrg." (oben) und „Welle" (unten oder die Teilnummern (Abb. 226) voranzuschreiben (bei ISA nicht erforderlich).

Drei Beispiele DIN.

Welle für Edelgleitsitz — 40 ϕ eG

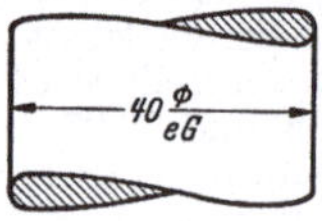

Bohrung für leichten Laufsitz — 40 ϕ LL

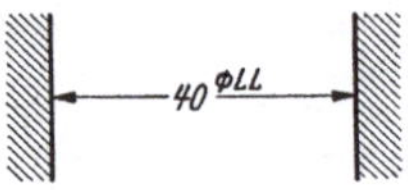

Welle für Grobsitz *g 3* — 40 ϕ g3

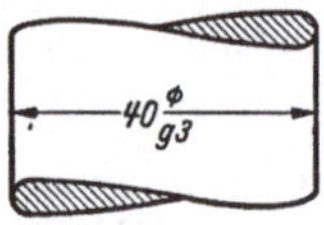

Drei Beispiele ISA.

Welle *h 5* — 40 ϕ h5

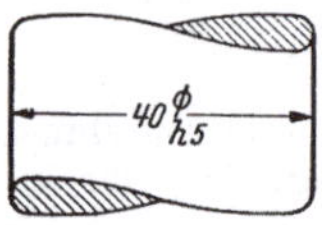

Bohrung *E 7* — 40 ϕ E7

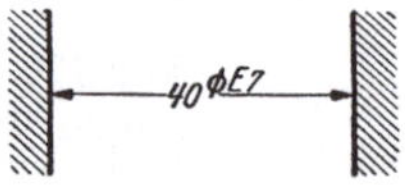

Welle *b 11* — 40 ϕ b11

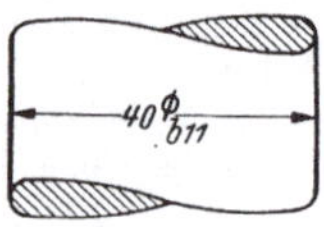

Maschine, bei einer Steuerwelle höher als bei einem Bremsgestänge. Man hat daher, je nach der erforderlichen Genauigkeit, 4 Gütegrade der DIN-Passungen unterschieden: Edelpassung — Feinpassung — Schlichtpassung und Grobpassung. Innerhalb der Gütegrade unterscheidet man verschiedene Sitze. Einen Überblick über die Gütegrade und Sitze gibt Tafel III. Die Toleranzen und Spiele

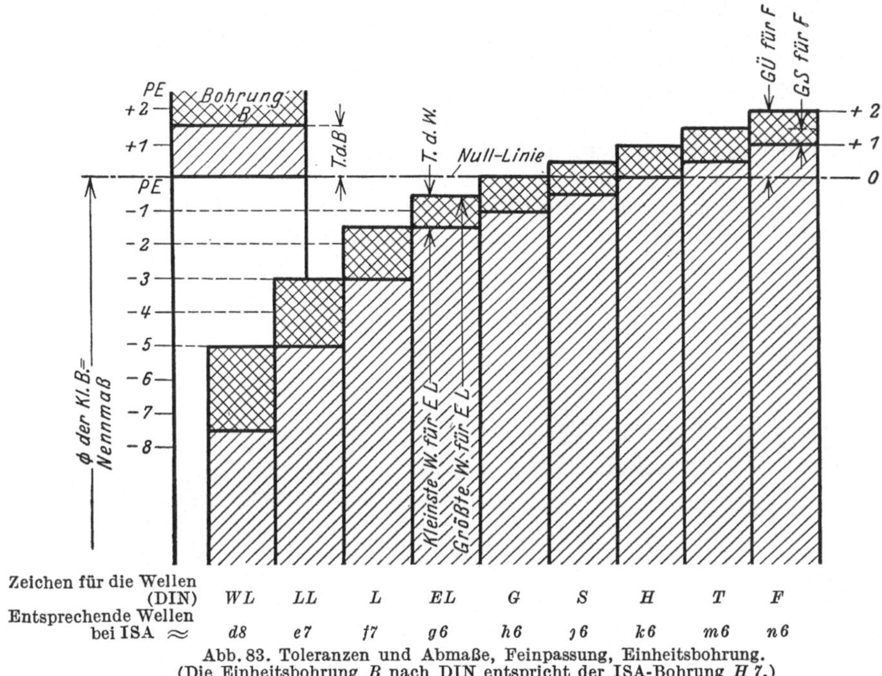

Abb. 83. Toleranzen und Abmaße, Feinpassung, Einheitsbohrung. (Die Einheitsbohrung *B* nach DIN entspricht der ISA-Bohrung *H 7*.)

sind vom Nenndurchmesser (D mm) abhängig. Auf Grund zahlreicher Messungen wurde festgesetzt, daß die Toleranzen mit der dritten Wurzel aus *D* wachsen sollen. Der Wert $0{,}005\ \sqrt[3]{D}$ wird Paßeinheit (PE.) genannt. Die Toleranzen und Spiele werden in PE. ausgedrückt. Die Durchmesserreihe 1 bis 500 wird in Gruppen unterteilt und für jede Gruppe ein mittlerer, gerundeter Wert der PE. angegeben[1].

[1] **Tafel IV.** Paßeinheiten PE. in mm und ISA-Toleranzen in μ.

Nenndurchmesser	1 Paß-E	Toleranzen, IT6
von 1 bis 3 mm	rd. 0,006 mm	$10\,i = 7\,\mu$
über 3 „ 6 „	„ 0,008 „	$10\,i = 8\,\mu$
„ 6 „ 10 „	„ 0,01 „	$10\,i = 9\,\mu$
„ 10 „ 18 „	„ 0,012 „	$10\,i = 11\,\mu$
„ 18 „ 30 „	„ 0,015 „	$10\,i = 13\,\mu$
„ 30 „ 50 „	„ 0,018 „	$10\,i = 16\,\mu$
„ 50 „ 80 „	„ 0,02 „	$10\,i = 19\,\mu$
„ 80 „ 120 „	„ 0,022 „	$10\,i = 22\,\mu$
„ 120 „ 180 „	„ 0,025 „	$10\,i = 25\,\mu$
„ 180 „ 250 „	„ 0,03 „	$10\,i = 29\,\mu$

Tafel V. Toleranzenreihe, ISA.

ISA-Qualität	5	6	7	8	9	10	11
Toleranzen IT	$\approx 7\,i$	$10\,i$	$16\,i$	$25\,i$	$40\,i$	$64\,i$	$100\,i$

Für die Edelpassung beträgt die Toleranz der Einheitsbohrung 1 PE., für die Feinpassung 1,5 PE., für die Schlichtpassung 3 PE. Im Gegensatz zum ISA-Passungssystem sind auch die Spiele und Übermaße nach PE. bemessen. So ist (Abb. 83) für den engen Laufsitz das größte Spiel $GS = 3$ PE., das kleinste Spiel $KS = 0{,}5$ PE.; für den Festsitz ist $GS = 0{,}5$ PE., das größte Übermaß $GÜ = 2$ PE. Die Sitze mit Spiel nennt man Spielsitze (früher Laufsitze), die Sitze, bei denen je nach den Istmaßen von Welle und Bohrung Spiel oder Übermaß auftreten kann, nennt man Übergangsitze (früher Ruhesitze). Sitze, bei denen auch die kleinste Welle vor dem Zusammenbau größer ist als die größte Bohrung, werden Preßsitze genannt.[1]

Toleranzen bei ISA-Passungen. Bei ISA wurden keine Gütegrade für die Passungen geschaffen, sondern 16 Qualitäten festgelegt.

Der Begriff der Qualität ist der Toleranz des einzelnen Werkstückes zugeordnet. Die Grundtoleranzen beruhen auf der Toleranzeneinheit i, die vom

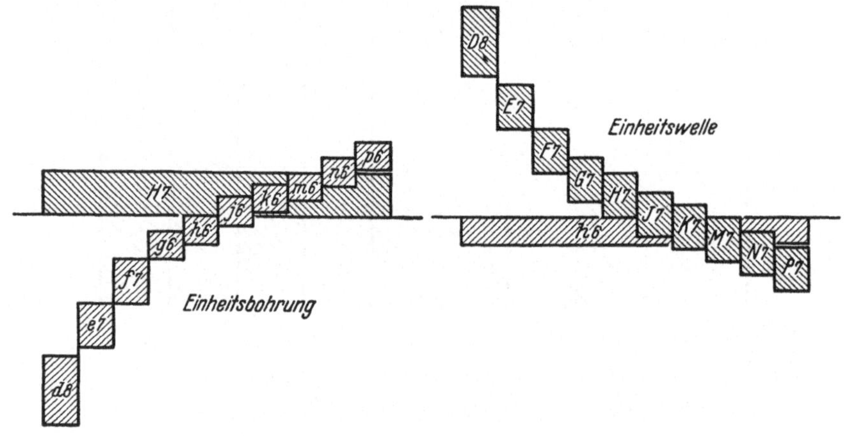

Abb. 84. Toleranzfelder und Bezeichnungen, ISA. (Die angegebenen Bohrungen und Wellen treten an Stelle der Bohrungen und Wellen nach DIN, Feinpassung).
$H\,7$ = Toleranzfeld der Bohrung $H\,7$ (Toleranz 16 i); $d\,8$ bis $p\,6$ = Toleranzfelder der Wellen.
$h\,6$ = Toleranzfeld der Welle $h\,6$ (Toleranz 10 i); $D\,8$ bis $P\,7$ = Toleranzfelder der Bohrungen.

Nenndurchmesser abhängt. Dabei ist i (in μ) $\approx 0{,}45\,\sqrt[3]{Dmm} + 0{,}001\,D$. Die Toleranzeneinheit i wird in μ angegeben, $1\,\mu = {}^1/_{1000}$ mm. (Vgl. Tafel IV; 10 i entsprechen ungefähr einer PE.) Die 16 Qualitäten umfassen das gesamte Gebiet von der Genauigkeit der feinsten Lehren bis zu den gewalzten Trägern. Für die meisten Maschinenteile kommen die Toleranzen-Qualitäten 5 bis 11 in Frage (Bezeichnung: Internationale Toleranzenreihen IT 5 bis IT 11). Für die Qualitäten 5 bis 11 sind die Toleranzen aus Tafel V ersichtlich. Die zu IT 6, also 10 i oder zur 6. Qualität gehörigen Zahlenwerte für die Durchmesserbereiche 1—250 sind in Tafel III eingetragen. (Beispiel: $D = 65$ mm; $i = 0{,}45\,\sqrt[3]{65} + 0{,}065 \approx 1{,}9\,\mu$).

Kennzeichnung der Bohrungen und Wellen bei DIN und ISA. Die Kennzeichnung der Bohrungen und Wellen nach DIN ist aus Tafel III ersichtlich. Der Gütegrad wird durch die kleinen Buchstaben *e* (Edel), *s* (Schlicht) und *g* (Grob) angegeben[2], die Sitzbezeichnung durch einen großen Buchstaben, der mit der Eigenschaft des Sitzes zusammenhängt. Die Einheitsbohrung erhält das Zeichen *B*, die Einheitswelle das Zeichen *W*. Bei den Bohrungsmaßen steht das Zeichen über, bei den Wellenmaßen unter der Maßlinie.

[1] Bei ISA tritt an Stelle des Wortes „Sitz“ das Wort „Passung“ (auch Paarung).
[2] Bohrungen und Wellen der Feinpassung erhalten keinen kleinen Buchstaben.

Während also bei DIN die Grenzmaße durch Buchstaben bezeichnet werden, die mit den Eigenschaften der zu bildenden Sitze zusammenhängen, hat man be ISA zur Kennzeichnung der Grenzmaße einen Buchstaben und eine Zahl gewählt. Jede Bohrung wird gekennzeichnet durch einen großen Buchstaben, aus dem die Lage des Toleranzfeldes zu erkennen ist, und durch eine Zahl, die der Qualität entspricht, also mit den Bohrungstoleranzen zusammenhängt[1]. Jede Welle wird gekennzeichnet durch einen kleinen Buchstaben, aus dem die Lage des Toleranzfeldes zu erkennen ist, und eine Zahl, die der Qualität entspricht, also mit den Wellentoleranzen zusammenhängt. Die Abb. 83 u. 84 geben die DIN-Feinpassung und gleichwertige ISA-Passungen wieder. (Durch das Einfühlen in verschiedene Darstellungen wird der Blick für den Aufbau der Passungen geschärft).

Da bei den ISA-Passungen den Grenzmaßkennzeichen bestimmte Zahlenwerte entsprechen, kann man diese Werte in ein Koordinatensystem eintragen, Abb. 85[2]. Man erhält dadurch eine besonders klare und übersichtliche Darstellung, aus der sich die Sitzeigenschaften, auch bei nicht normalen Zusammenstellungen, ziemlich rasch erkennen lassen.

Anleitung zum Entwerfen und Verwenden der Passungstafel Abb. 85.

Für den Durchmesserbereich von 50 bis einschl. 80 mm ist nach Tafel IV die Toleranzeneinheit $i = 1{,}9\,\mu$; für die 5. bis 9. Qualität (Tafel V) sind daher die Toleranzen der Wellen durch die Werte

$$\mathrm{IT} = 7\,i \approx 13\,\mu,\quad 10\,i = 10\cdot 1{,}9 = 19\,\mu,\quad 16\,i = 16\cdot 1{,}9 \approx 30\,\mu \text{ usf. bestimmt.}$$

Man trage diese Werte in einem geeigneten Maßstab von 0 aus in waagrechter Richtung auf. In den Lotrechten, die z. B. um $13\,\mu$, $19\,\mu$ oder $30\,\mu$ von 0 abstehen, liegen die Punkte, die zu den Wellen der 5., 6. und 7. Qualität gehören.

Der Abstand dieser Punkte von der waagrechten 0-Linie wird durch das obere Abmaß der Welle, also durch den Abstand a des Größmaßes G von dem Nenndurchmesser N bestimmt. Für die Wellen *e7* und *f7* beträgt dieser Abstand $-60\,\mu$ und $-30\,\mu$. Die Punkte *h5, h6, h7* usf. für die Wellen mit $G = N$ oder $a = 0$ liegen in der 0-Linie, die *h*-Wellen bei ISA entsprechen also den Einheitswellen oder Gleitsitzwellen bei DIN. Bei den Wellen *j, k, m, n, p* ist $G > N$. Bei *j7, k7, m7, n7* sind die Werte von $+a$ eingetragen. Man sieht, daß z. B. der Punkt *k7* bestimmt ist durch die Toleranz der 7. Qualität ($16\,i = 30\,\mu$) und durch das obere Abmaß der Welle *k* mit $a = 32\,\mu$. Bei den für Spielpassungen bestimmten Wellen *d8* und *d9* oder *e7, e8, e9* oder *f6, f7* und *f8* usf. hat a jeweils den gleichen Wert ($-100\,\mu$ für *d8* u. *d9*, $-60\,\mu$ für *e7, e8* u. *e9* usf.). Für die Wellen, die zu den Übergangspassungen gehören, liegen die Punkte *k5, k6, k7* oder *m5, m6, m7* usf. nahezu in einer 45°-Linie (alle *k*-Wellen haben das gleiche untere Abmaß $= K - N = a -$ Toleranz; für die *k*-Wellen ist bei $\varnothing = 50$ bis 80 mm das untere Abmaß $= 32 - 30 = +2\,\mu$, für die *m*-Wellen $41 - 30 = 11\,\mu$, für die *n*-Wellen $= 20\,\mu$. Die *j*-Wellen haben $\pm$ Toleranzen:

Die Grenzmaße (für N über 50 bis 80 mm) sind bei $j5 = N^{+6}_{-7}$, bei $j6 = N^{+12}_{-7}$, bei $j7 = N^{+18}_{-12}$

Aus der Wellenbezeichnung, z. B. *f7* oder *m7* ist folgendes zu entnehmen:

1. die zur Zahl 7 gehörige 7. Qualität mit der Toleranz $16\,i = 30\,\mu$,
2. das zu *f7* oder *m7* gehörige obere Abmaß a (bei $f7 = -30\,\mu$, bei $m7 = +41\,\mu$),
3. das zugehörige untere Abmaß, bei z. B. $m7 = 41 - 30 = 11\,\mu$.

(Eine durch *f7* oder *m7* gezogene Waagrechte stellt daher die obere Begrenzung der größten Welle dar; eine durch *m7* gezogene 45°-Linie schneidet auf der Lotrechten durch *0* das untere Abmaß $K - N$ ab. Es ist $K - N = a -$ Tol. d. Welle $= 41 - 30 = 11\,\mu$).

Bei den Bohrungen trägt man das untere Abmaß $K - N$ auf. Bei Abb. 85b für die Bohrungen der 6. bis 9. Qualität ist bei z. B. *F7* die Toleranz der 7. Qualität ($16\,i = 30\,\mu$) eingetragen und als Höhe das untere Abmaß ($a = K - N$). Eine durch *F7* gezogene Waagerechte stellt daher die untere Begrenzung der kleinsten Bohrung dar. Eine 45°-Linie durch *F7* schneidet auf der Lotrechten durch *0* das obere Abmaß $a = 60\,\mu$ ab. In der 0-Linie liegen die Punkte *H* für die Einheitsbohrungen (Kleinstmaß = Nennmaß) und die Punkte *h* für die Einheitswellen (Größtmaß = Nennmaß).

Verwendung der Tafel Abb. 85: In Abb. 85c sind drei Paarungen nochmals herausgezeichnet.

---

[1] Einen ähnlichen Vorschlag habe ich bereits 1920 (Mitteilungen des Normenausschusses, 1920, S. 41) gemacht. Die Toleranz war durch einen großen Buchstaben, das obere Abmaß durch die Zahl der *PE* gekennzeichnet.

[2] Volk, Passungsnomogramm, Werkstattstechnik 1931, S. 493.

Passungstafel.

Die angeschriebenen Maße (in μ) gelten für den Durchmesserbereich über 50 bis einschl. 80 mm.

Abb. 85a. Abb. 85b.

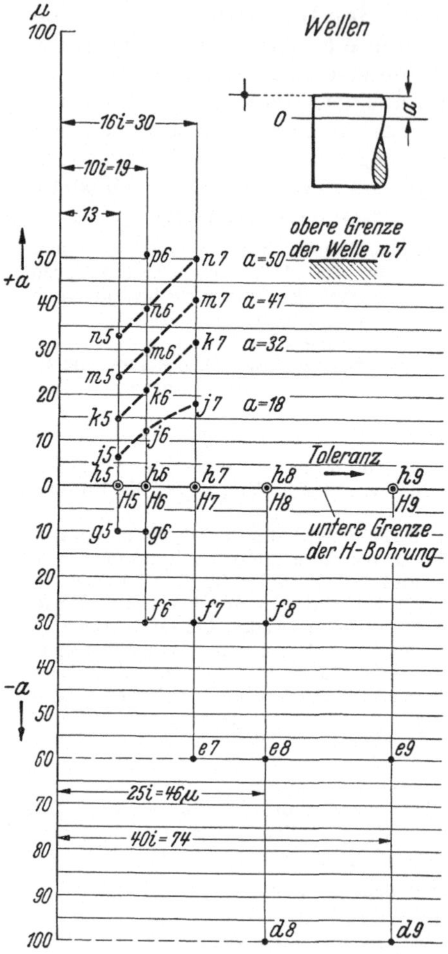

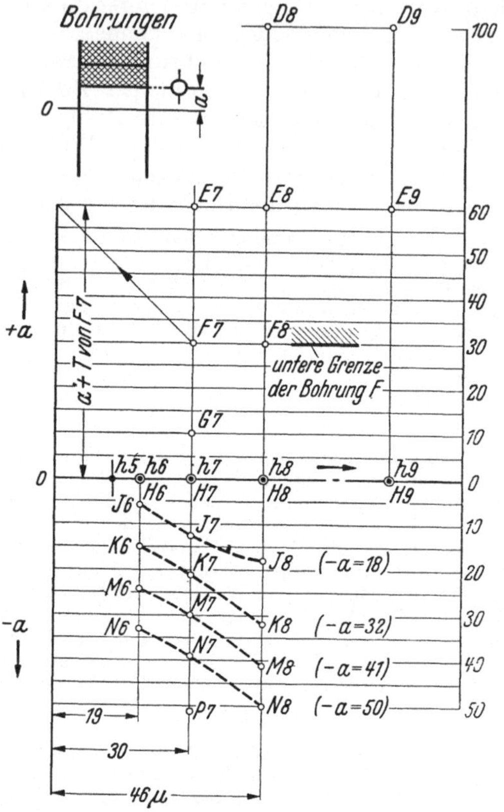

Abb. 85a. Einheitsbohrungen H und Wellen d bis p, 5. bis 9. Qualität. Abstand a entspricht bei den Wellen dem oberen Abmaß.

Abb. 85b. Einheitswellen h und Bohrungen D bis N, 6. bis 9. Qualität. Abstand a entspricht bei den Bohrungen dem unteren Abmaß.

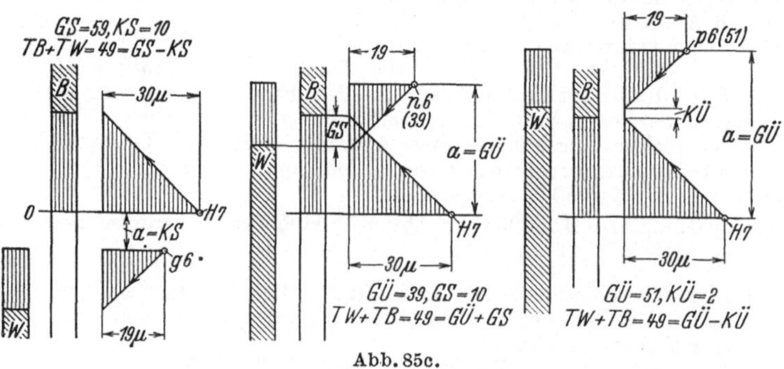

Abb. 85c.

Es ergibt die Bohrung *H 7* mit der Welle *g 6* eine Spielpassung, mit der Welle *n 6* eine Übergangspassung und mit der Welle *p 6* eine Preßpassung.

Die Werte für die Passung *H 7/n 6* sind auch in Tafel VI eingetragen und zum Vergleich die Werte der Feinpassung nach Abb. 83 angegeben. *H 7* ist eine Einheitsbohrung; kleinste Bohrung = Nennmaß. Man stelle ähnliche Ermittlungen nach Abb. 85b auch für Passungen mit Einheitswellen (größte Welle = Nennmaß) an. Man kann aber an Hand der Passungstafel auch eine Paarung zwischen einer Bohrung *E 7* und einer Welle *m 6* untersuchen. Man erhält eine Spielpassung mit 30 μ Kleinstspiel und einer Toleranzensumme von 49 μ.

Tafel VI	ISA (Abb. 85)	DIN (Abb. 83)
Toleranz der Bohrung .	$16\,i = 30\,\mu$	1,5 PE = 0,03 mm
Toleranz der Welle . .	$10\,i = 19\,\mu$	1 PE = 0,02 mm
Größtes Übermaß *GÜ* .	$39\,\mu$	2 PE = 0,04 mm
Größtes Spiel *GS* . . .	$10\,\mu$	0,5 PE = 0,01 mm

Vergleich der ISA-Passungen mit den DIN-Passungen. Die Wellen der Qualität 5 und 6 entsprechen den Wellen der Edelpassung und den Wellen der Feinpassung bis *EL*, die Wellen der 7. Qualität den Laufsitzwellen *L* und *LL*. Die Bohrungen H *6* decken sich ganz oder näherungsweise mit den Edelbohrungen e *B*, die Bohrungen *H 7* mit den Bohrungen der Feinpassung, die Bohrungen und Wellen der 8. und 9. Qualität mit den Bohrungen und Wellen der Schlichtpassung. Die Sitze der Grobpassung werden mit der 11. Qualität gebildet.

Für die 3 Sitze der Schlichtpassung (EB) lassen sich die folgenden Passungen aus ISA aufstellen:

$$\frac{sB}{sWL} \approx \frac{H\,8}{d\,9};\quad \frac{sB}{sL} \approx \frac{H\,8}{e\,9} \text{ oder } \frac{H\,8}{f\,8};\quad \frac{sB}{sG} \approx \frac{H\,8}{h\,9} \text{ oder } \frac{H\,8}{h\,8}.$$

(Die kleinsten Spiele sind gleich, die Toleranzen etwas enger. Man bestimme an Hand von Abb. 85 die Abweichungen.)

Bei ISA besteht auch die Möglichkeit, Paarungen zu bilden, bei denen die Einheitsbohrung oder Einheitswelle durch eine andere Bohrung oder Welle ersetzt ist z. B. *G 7/f 7* oder *J 7/m 6* (Paßeigenart nach Abb. 85 feststellen!).

In den einzelnen Werken wird man aus der großen Zahl der Wellen und Bohrungen Auswahlreihen (Sitzfamilien) bilden, z. B. Auswahlreihen für Triebwerke, für das Eisenbahnwesen (DIN 5601) usf. Solch eine Auswahlreihe könnte z. B. bestehen aus 2 Preßpassungen, 2 Übergangspassungen und 6 Spielpassungen. (Man stelle für eine derartige Auswahlreihe eine Tafel nach Abb. 85 her, mit den Einheitswellen *h 5, h 6, h 8* und den Bohrungen *H 6, H 7, H 8, F 7, F 8, E 9, K 6, N 6, P 7*.) In vielen Werken sind noch Zeichnungen und Lehren der DIN-Passungen vorhanden, in den Werkstätten werden noch die alten Begriffe der Laufsitze, Schiebesitze, Festsitze usf. gebraucht, für ältere Maschinen müssen Ersatzteile nach diesen Sitzen angefertigt werden. Trotz Einführung der ISA-Passungen muß also der Konstrukteur auch die DIN-Passungen beherrschen.

Hingegen soll er sich bei Neukonstruktionen keineswegs auf ein bloßes Übersetzen der DIN-Passungen in ISA-Passungen beschränken, sondern bei Neukonstruktionen immer versuchen, die reichere Auswahl, die bei ISA besteht, auszunutzen, namentlich bei den gröberen Toleranzen. Jüngere Konstrukteure, die noch nicht selbständig die Passungen auswählen, sollen die Wellen- und Bohrungsmaße, die sie nach Angabe eintragen, stets an Hand der Abb. 85 überprüfen und sich dadurch auf jene Zeit vorbereiten, da sie selbst — und auch in schwierigeren Fällen — verantwortlich Paßmaße anzugeben haben.

Kurze Angaben über einige Rundpassungen:

a) Spielsitze

1. ISA: *g6* in *H7* oder *h6* in *G7*. DIN: *EL* in *B* oder *W* in *EL*. Beispiele: Lager für hohe Anforderungen, verschiebbare Kupplungsmuffen usf. Die Paßteile sollen sich gegenseitig leicht aber ohne merkliches Spiel bewegen.
2. ISA: *f7* in *H7* oder *h6* in *F7*. DIN: *L* in *B* oder *W* in *L*. Beispiele: Genaue Lager mit größerem Spiel, Hauptlager an Fräsmaschinen, Kurbelwellen von Kraftfahrzeugen, Schneckengetriebewellen, Gleitmuffen, Führungen.
3. ISA: Bohrung *H8* mit Wellen *h8, h9, e9, d10*. DIN: *sL* in *sB* oder *sW* in *sL*. Beispiele: Kurbelwellen von Dampfmaschinen, Kreuzkopf in Gleitbahn, Führung von Schieberstangen, Kolbenschieber mit Dichtungsringen, Tauchkolben in Buchsen, Bügel auf Exzenterkörper, Dynamolager, lose Seilrollen usf.
4. ISA: *e7* in *H7* oder *d8* in *H7*. DIN: *LL* in *B* oder *WL* in *B* usf.

Man wähle stets die gröbsten Passungen und die größten Toleranzen, die für den vorliegenden Fall eben noch zulässig sind. Zu feine Toleranzen verteuern nicht nur die Herstellung, sondern führen auch oft zu Störungen im Betrieb.

Die Wellen der 5. Qualität und die Edelpassung sind nur zu verwenden, falls besonders hohe Anforderungen an die Gleichartigkeit der Ausführung gestellt werden. Die Wellen der 11. Qualität (Grobpassung) kommen bei landwirtschaftlichen Maschinen, einfachen Fördereinrichtungen, Schaltapparaten mit Handantrieb usf. zur Anwendung.

b) **Übergangspassungen:** Die größte Welle hat Übermaß in der kleinsten Bohrung, die kleinste Welle hat Spiel in der größten Bohrung.

1. ISA: *n6* in *H7* oder *h6* in *N7*. DIN: Feinpassung, Festsitz: Welle *F* in Bohrung *B* oder Welle *W* in Bohrung *F*. Beispiele: Einteilige Lagerbuchsen an Werkzeugmaschinen, Zahnräder auf Motorwellen, Kurbeln auf Wellen. Die Welle sitzt im allgemeinen fest in der Bohrung und kann nur mit Kraftaufwand eingebracht und ausgebaut werden. Wegen der Möglichkeit des lockeren Sitzes ist aber Sicherung durch Keil usf. erforderlich.
2. ISA: *m6* oder *k6* in *H7*; *h6* in *M7* oder *K7*. DIN: Feinpassung, Treibsitz und Haftsitz: Welle *T* oder *H* in Bohrung *B*; *W* in *T* oder *H*. Beispiele: Zahnräder und Kupplungsscheiben auf Werkzeugmaschinen, die fest aufgekeilt und selten abgekeilt werden, Exzenterkörper auf Steuerwellen, Schwungräder von Kolbenmaschinen, Stopfbuchsenfutter, Kurbeln für kleinere Kräfte, einteilige Lagerbuchsen für Motorwellen. — Einbringen und Lösen mit Handhammer. Der Sitz verbürgt gute Mittenlage.
3. ISA: *j6* in *H7* oder *h6* in *J7*. DIN: Feinpassung, Schiebesitz: *S* in *B* oder *W* in *S*. Beispiele: Aufgekeilte Teile, die oft auseinander genommen werden müssen, zylindrisches Kolbenstangenende im Kreuzkopf, Gabelzapfen. Gute Mittenlage, Einbringen und Ausbauen von Hand oder mit leichten Hammerschlägen.
4. ISA: *h6* in *H7*. DIN: Feinpassung, Gleitsitz: *G* in *B* oder *W* in *G*. Beispiele: Pinole im Reitstock, Säulenführung der Radialbohrmaschine, Wechselräder auf Wellen, Mittensicherung von Gehäusedeckeln, Lager mit sehr kleinem Spiel. Die Paßteile sollen sich von Hand eben noch verschieben lassen.

c) **Preßpassungen:** Die kleinste Welle ist größer als die größte Bohrung, es ist also stets Übermaß vorhanden.

1. Längspreßpassung: Die Welle wird bei Raumtemperatur in Längsrichtung eingepreßt. Bei großen Übermaßen (z. B. *H 7/y 7*) tritt plastische Verformung ein. Verformung und Rutschkraft berechnen[1]. 2. Querpreßpassung: Die kalte Welle wird in die erwärmte Bohrung (bis + 350°) oder die abgekühlte Welle (bis —190°) in die kalte Bohrung eingeführt (vgl. die Preßpassung auf S. 79).

Zahlenmäßiges Eintragen von Abmaßen. In besonderen Fällen werden die Abmaße zahlenmäßig angegeben (Abb. 86, 87 u. 91). Die Abmaße werden in Millimeter (gelegentlich auch in μ) eingeschrieben. Dabei ist folgendes zu beachten:

1. Das obere Abmaß (das mit dem Nennmaß das Größtmaß ergibt) ist über die Maßlinie zu schreiben, das untere Abmaß unter die Maßlinie

$$\left(\leftarrow 25\,\frac{+0{,}3}{+0{,}1}\rightarrow,\quad \leftarrow 25\,\frac{-0{,}2}{-0{,}4}\rightarrow,\quad \leftarrow 25\,\frac{+200\,\mu}{-300\,\mu}\rightarrow\right).$$

2. Das Abmaß 0 wird nicht angegeben $\left(\leftarrow 25\,\frac{}{-0{,}2}\rightarrow\right)$.

3. Sind die Abmaße einander entgegengesetzt gleich, so ist die Schreibweise: $\leftarrow 25 \pm 0{,}2 \rightarrow$ anzuwenden.

Falsch wären also z. B. folgende Eintragungen:

$$\leftarrow 25\,\frac{+0{,}1}{+0{,}3}\rightarrow \leftarrow 25\,\frac{-0{,}4}{-0{,}2}\rightarrow \quad \leftarrow 25 - 0{,}2 \rightarrow, \quad \leftarrow 25\,\frac{-0{,}2}{0}\rightarrow \text{ usf.}$$

d) Eingegrenzte Längenmaße.

Bei Flachpassungen ist die „Gängigkeit" nicht nur vom Nennmaß und den Abmaßen abhängig, sondern auch von der Größe und namentlich von der Länge

[1] Kienzle und Heiß, Werkst.-Techn. 1938, S. 468.

der Berührungsfläche. Mit wachsender Berührungsfläche muß man, gleiche Gängigkeit vorausgesetzt, das Spiel vergrößern. Es werden daher nur in bestimmten Fällen die oben bei den Rundpassungen ausgeführten Passungseigenschaften auch für Flachpassungen (Nutenführungen, Kupplungsbacken, Exzenterbreiten, Gleitsteine, Federkeile usf.) gelten.

Sollten die erforderlichen ISA oder DIN-Lehren nicht vorhanden sein, so gibt man die Toleranzen zahlenmäßig an und mißt mit anzeigenden Meßgeräten oder mit festen Sonderlehren.

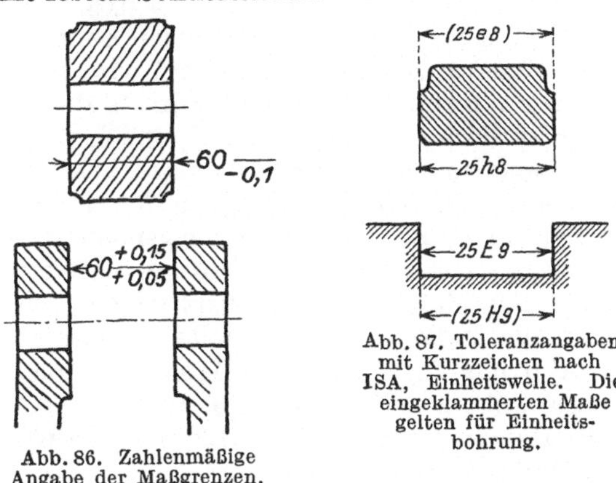

Abb. 86. Zahlenmäßige Angabe der Maßgrenzen.

Abb. 87. Toleranzangaben mit Kurzzeichen nach ISA, Einheitswelle. Die eingeklammerten Maße gelten für Einheitsbohrung.

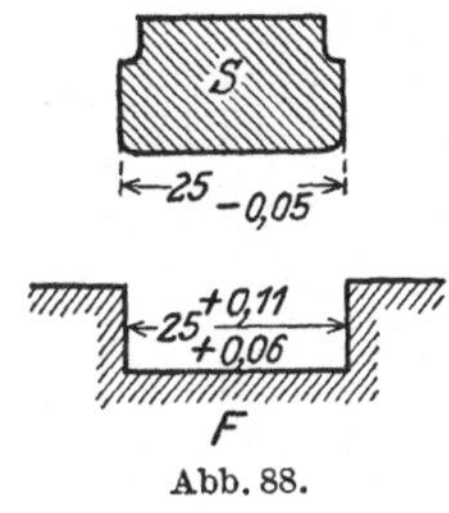

Abb. 88.

Die Bedeutung der Grenzmaße bei Längenmaßen geht am besten aus Abb. 87 und 88 hervor (vgl. auch Abb. 86). Der Schieber *S* soll leicht in der Führung *F* gleiten. Erhält der Schieber die Breite 25 und eine Toleranz —0,05, so muß für das Gegenmaß in der Führung bei 0,06 Kleinstspiel und 0,05 Toleranz das Maß $\leftarrow 25\,{}^{+0{,}11}_{+0{,}06} \rightarrow$ eingeschrieben werden. Die Grenzfälle sind:

1. Kleinster Schieber (25—0,05) in größter Führung (25,11) ... Spiel = 0,16 mm.
2. Größter Schieber (25,00) in kleinster Führung (25,06) ... Spiel = 0,06 mm.

Der Schieber kann mit Schraubenmikrometer gemessen werden, für die Nut ist aber bei größerer Stückzahl eine Lehre erforderlich. Bei geringer Stückzahl kann die Nut auch mit einem Endmaß gemessen werden. Bei der eigentlichen Massenfertigung wird die Nut mit einem genau auf Maß geschliffenen Fräser fertig gefräst, der Arbeiter hat dann überhaupt nichts zu messen, sondern nur der Einrichter oder die mit der Überwachung oder der Abnahme betrauten Fachleute

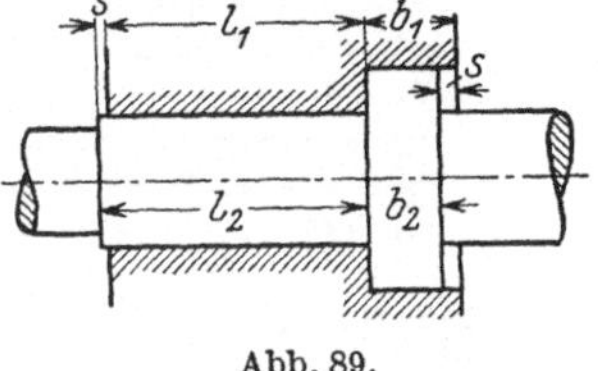

Abb. 89.

Können Schieber und Nut mit den normalen Wellen- und Bohrungslehren gemessen werden, so wird man vorteilhaft die Breite des Schiebers nach der Wellenlehre *h 8* (oder *s W*) und das Innenmaß der Führung z. B. nach der Bohrungslehre *E 9* (oder *s L*) herstellen. Die Maßeinschreibung für diesen Fall ergibt sich aus Abb. 87.

Es folgt die Regel: Längenmaße, die Innenmaße sind, werden wie Bohrungsmaße, Längenmaße, die Außenmaße sind, werden wie Wellenmaße behandelt. Nun sind aber oft Längenmaße einzugrenzen, die weder Innenmaße noch Außenmaße sind, auch nicht mit den Meßgeräten für Wellen oder Bohrungen gemessen werden können. Ein Bolzen mit Bund soll z. B. so in einer Bohrung sitzen, daß beiderseits ein kleinster Abstand (Spiel) von $s = 0{,}05$ mm verbleibt. Die Maße l_1, l_2, b_1 und b_2 sind zu bestimmen (Abb. 89).

Ich empfehle nach folgendem Grundsatz zu verfahren:

Das kürzere Maß erhält das Nennmaß und eine Minus-Toleranz (oberes Abmaß = 0), das längere Maß erhält als oberes Abmaß die Summe aus Kleinstspiel und Toleranz, als unteres Abmaß das Kleinstspiel. (Die Schreibweise würde dann der Schreibweise bei Abb. 87 entsprechen.) Für $s = 0{,}05$ und eine Toleranz von 0,1 enthält man

l_1 = Nennmaß und Minustoleranz, z. B. $= \leftarrow 40 \xrightarrow[-0{,}1]{} , \quad l_2 = \leftarrow 40 \xrightarrow[+0{,}05]{+0{,}15} ,$

b_2 = „ „ „ , z.B. $= \leftarrow 12 \xrightarrow[-0{,}1]{} , \quad b_1 = \leftarrow 12 \xrightarrow[+0{,}05]{+0{,}15} .$

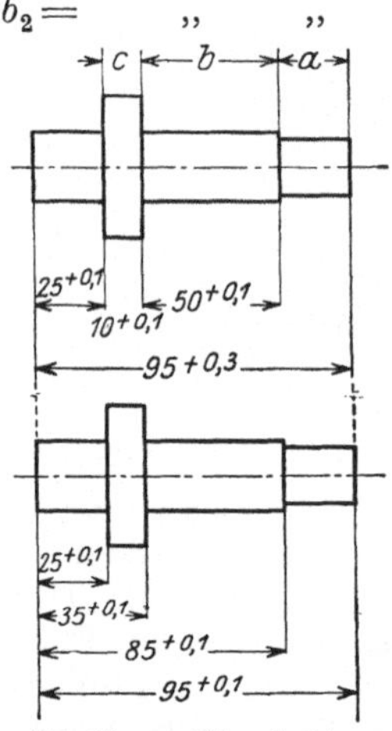

Abb. 90a u. 90b. Aufeinanderfolgende Toleranzmaße.

Im Grenzfall (längster Bolzen in kürzester Bohrung oder schwächster Bund in tiefster Einsenkung) wird s auf 0,25 mm anwachsen. Kann s beträchtlich sein, so daß es wesentlich größer ist als die Summe der bei l_1 und l_2 zu erwartenden Maßabweichungen, so verfährt man nach ISA (Große Spiele)[1]. Man macht dann $l_1 = 40_{-0,5}$ und $l_2 = 41^{+0,5}$. Folgen in der Längsrichtung mehrere Passungsmaße aufeinander, so kann man entweder ein unwichtiges Maß fortlassen oder eines der Maße ohne Toleranz lassen (Ausgleichsmaß) oder alle Maße von einer Stelle aus messen.

So wird in Abb. 90a die Länge des Absatzes a nicht angegeben, a schwankt zwischen 10—0,3 und 10 + 0,3. Muß der Endabsatz ein Paßmaß (z. B. $10^{+0,1}$) erhalten, so kann b ohne Maß bleiben.

Die andere Art der Maßeinschreibung folgt aus Abb. 90b. Alle Maße gehen von einer Anlagekante (Anschlag) aus. (Die Maßgrenzen sind dabei nicht die gleichen, wie in Abb. 90a. Der Bund c kann nach Abb. 90b das Mindestmaß 9,9 und das Höchstmaß 10,1 annehmen, gegen 10 und 10,1 in Abb. 90a.) Ob man die eine oder andere Art der Eintragung wählt, hängt auch vom Herstellungsverfahren und vom Meßverfahren ab. Wird mit Anschlagen und Endmaßen gearbeitet, werden die Maße, meist nach Abb. 90b oder 91 eingeschrieben. Abb. 90c zeigt 3 Radnaben, Scheiben oder Büchsen mit ISA-Paßmaßen. In manchen Werkstätten

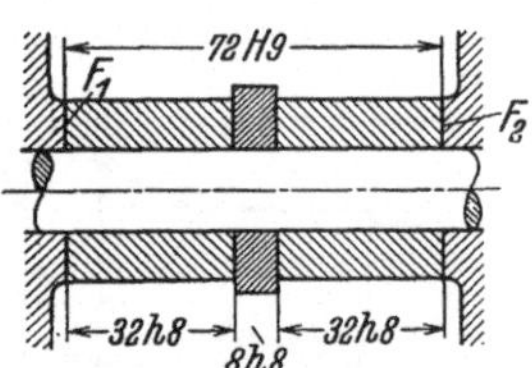

Abb. 90c. Abmaß von $32\,h\,8 = -39\,\mu$, von $8\,h\,8 = -22\,\mu$, von $72\,H\,9$ (nach Tafel S. 36) $= +74\,\mu$. Man berechne das größte u. kleinste Spiel an den Fugen F_1 u. F_2.

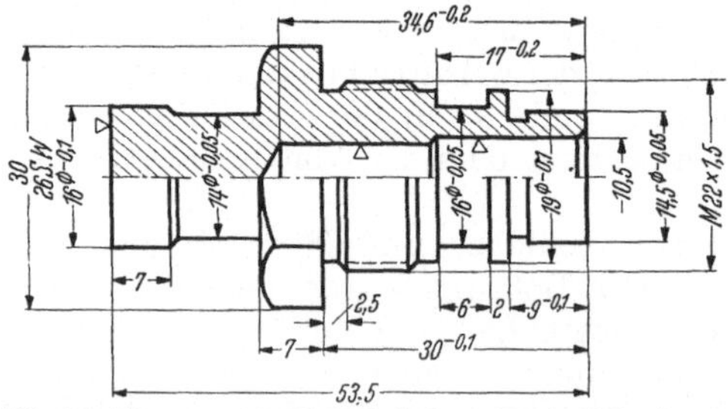

Abb. 91. Eingegrenzte Maße bei einem Werkstück, das auf einem Mehrspindelautomaten bearbeitet werden soll. Dazu gehört ein Einstellplan für den Einrichter.

[1] Nach DIN 170 sollen die Spiele 0,5 mm, 1 mm, 2 mm, 3 mm und 4 mm betragen, die Toleranzen (unteres Abmaß der Welle und oberes Abmaß der Bohrung) sind von 7 bis 18 mm ⌀ mit 0,3 mm, von 18 bis 30 ⌀ mit 0,4 und über 30 mit 0,5 mm festgesetzt. Bei 25 ⌀ und 0,5 mm Kleinstspiel sind folgende Maße einzuschreiben:

$$\text{Welle: } \leftarrow 25\,\varnothing \xrightarrow[-0{,}4]{} \qquad \text{Bohrung: } \leftarrow 25{,}5\,\varnothing \xrightarrow{+0{,}4}$$

Die Normung der großen Spiele nach ISA ist in Vorbereitung. In manchen Werken werden auch für die „freien“ Maße bearbeiteter Flächen (die also keine Paßmaße sind) Toleranzen vorgeschrieben.

werden die Toleranzen nicht angegeben, sondern die Maße mit den Lehrennummern versehen, die sich auf der Lehre und Lehrenzeichnung wieder finden (Abb. 92). Auf Zeichnungen, die nicht nach den Vorschriften des Normen-Ausschusses angefertigt sind (Abb. 207), werden Maße, die „genau“ einzuhalten sind, mitunter durch eine Wellenlinie oder einen Strich über und unter der Maßzahl oder durch einen Buchstaben hinter dem Maß gekennzeichnet. Nach den Heeresgeräte-Normen (HgN) werden Toleranzen und Maße, die bei der Abnahme besonders geprüft werden, umrandet, z. B. (±0,1).

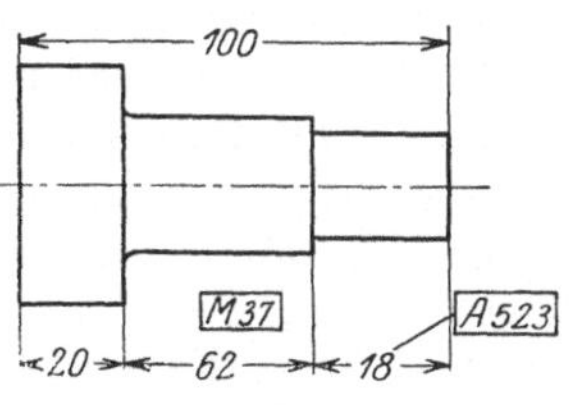

Abb. 92. Angabe der Lehren-Nummern

A Kugel voll

Ganz bearbeiten
Griff außen blank

B Kugel mit Bohrung *C*

D Kugel mit Gewinde *E*

F Kugel mit Vierkant *G*

Maße in mm.

D	L	D_1	D_2	R	a	b	Größte Bohrung		Gewinde d		Vierkant k	Kegelstift
							d_1 Passung sL	d_2	Whitworth	Metrisch	Passung sL	
10	64	7	16	5	5,5	6,5	8	2,5	$^5/_{16}$″	8	5,5	2,5×18 DIN 1
13	80	9	20	6,5	7	8	10	3	$^3/_8$″	10	5,5	3 ×22 DIN 1
16	100	11	25	8	9	10	12	4	$^1/_2$″	12	9	4 ×28 DIN 1
20	125	14	32	10	11	13	16	5	$^5/_8$″	16	11	5 ×36 DIN 1
25	160	18	40	12,5	14	16	20	6,5	$^3/_4$″	14	14	6,5×45 DIN 1
32	200	22	50	16	18	20	24	8	$^7/_8$″	24	19	8 ×55 DIN 1

Abb. 93. In der neuen Ausgabe sind die Passungen nach ISA angegeben, das Vierkantloch nach DIN 79. Gütegrad „fein“ ausgeführt und die Gewichte hinzugefügt. Verbindlich ist die jeweils neueste Ausgabe der Normblätter!

e) Maße genormter Teile.

Bei Teilen, für die DIN-Normen oder Werksnormen bestehen, schreibt man meist nur die für die Bestellung erforderlichen Maße ein. Da die Bestellung durch die Stückliste oder besondere Bestellisten für Lagerteile erfolgt, sind selbst diese Maße entbehrlich, dienen aber zur Überwachung und lassen oft Fehler in den Abmessungen der Anschlußteile erkennen.

In Abb. 93 ist ein Teil des Normblattes über Kugelgriffe (DIN 99) wiedergegeben. Aus dem Beispiel für die Bezeichnung geht hervor, daß für die einzelnen Größen die Griffstärke D am freien Ende maßgebend ist. Es genügt daher die Angabe dieses Maßes, doch wird man meist noch das Maß d oder k für den Anschluß angeben. Hat man Form G mit $D = 20$ gezeichnet, so wird der Griff in der Stückliste (mitunter auch in der Zeichnung) mit der Bezeichnung G 20 DIN 99 versehen.

Eine blanke Sechskantschraube, metrisches Gewinde M 22, Länge = 80 mm, erhält nach DIN 931 die Bezeichnung: Blanke Sechskantschraube $M\,22 \times 80$ DIN 931. Bei Stiftschrauben wird der Gewindedurchmesser angegeben und die Länge l des herausstehenden, nicht eingeschraubten Teiles; z. B. blanke Stiftschraube ½″ × 45 DIN 939. Bei Unterlegescheiben wird der Lochdurchmesser angegeben (Blanke Scheibe 62 DIN 125), bei Splinten der Durchmesser, die gerade Länge und der Werkstoff (5 × 60 DIN 94 Kupfer), bei Kegelstiften der Durchmesser am schwächeren Ende und die Länge (6,5 × 55 DIN 1) usf.

Werden genormte Paßteile auswärts bestellt, so muß sich der Konstrukteur überzeugen, ob diese Teile mit den im eigenen Werk oder nach den Werksnormen hergestellten Gegenstücken den gewünschten Sitz ergeben. Besonders wichtig ist dies für Wellenstümpfe, die im eigenen Werk bearbeitet werden, während die aufzubringenden Riemenscheiben fertig gebohrt auswärts bestellt und vielleicht erst vom Verbraucher aufgezogen werden. Bei Ersatzlieferungen für ältere oder ausländische Maschinen, die nach anderen Passungen gearbeitet sind, müssen gleichfalls die Grenzmaße der Anschlußteile genau beachtet werden. Toleranzangaben bei genormten Teilen (Gewinde, Vierkante, Keile usf.) siehe die betreffenden DIN-Blätter, neueste Ausgaben.

Besonders hingewiesen sei auf die Einbaupassungen für Kugellager, auf die Passungen für neue Werkstoffe (Kunstharz, keramische Stoffe) usf.

6. Oberflächenzeichen.

Aus einer Werkzeichnung soll die Beschaffenheit der Werkstücksoberfläche zu erkennen sein. Die Beschaffenheit der Oberfläche wird gekennzeichnet:

1. durch die bei der Herstellung erzeugte Oberflächenart (roh, bearbeitet, behandelt);
2. durch die Oberflächengüte.

Bei der Güte unterscheidet man a) die Gleichförmigkeit der Werkstückoberfläche, b) die Glätte der Werkstückoberfläche.

Die Gleichförmigkeit bezieht sich auf die geometrische Form. Die Oberfläche einer Geradführung soll „eben“, ein Zylinder soll „zylindrisch“ sein. Die zulässigen Abweichungen oder die Grade der Gleichförmigkeit sind nicht eindeutig festgelegt, vielmehr wird die Gleichförmigkeit bei bearbeiteten Flächen von der Art der Bearbeitung (Schruppbearbeitung, Fein- und Feinschlichtbearbeitung) abhängig gemacht. Die Glätte der Oberfläche ist gleichfalls durch das Bearbeitungsverfahren bedingt. Einen Anhalt für die Art der Glätte bilden die vom Werkzeug herrührenden Merkmale (Drehriefen usf.). Aus diesen Überlegungen heraus hat der Deutsche Normenausschuß für bearbeitete Flächen (mit Bearbeitungszugabe) folgende Zeichen festgelegt (DIN 140, Blatt 2, Oktober 1931, 2. Ausgabe):

a) **Ein** Dreieck ▽, für ein- oder mehrmalige, spanabnehmende Schruppbearbeitung. Riefen dürfen fühlbar und mit bloßem Auge deutlich sichtbar sein.

b) **Zwei** Dreiecke ▽ ▽, für ein- oder mehrmalige spanabnehmende Schlichtbearbeitung. Riefen dürfen mit bloßem Auge noch sichtbar sein.

c) **Drei** Dreiecke ▽ ▽ ▽, für ein- oder mehrmalige spanabnehmende Feinschlichtbearbeitung. Riefen dürfen mit bloßem Auge nicht mehr sichtbar sein[1] (Dreieck gleichseitig. Höhe je nach Maßstab 3 bis 5 mm.)

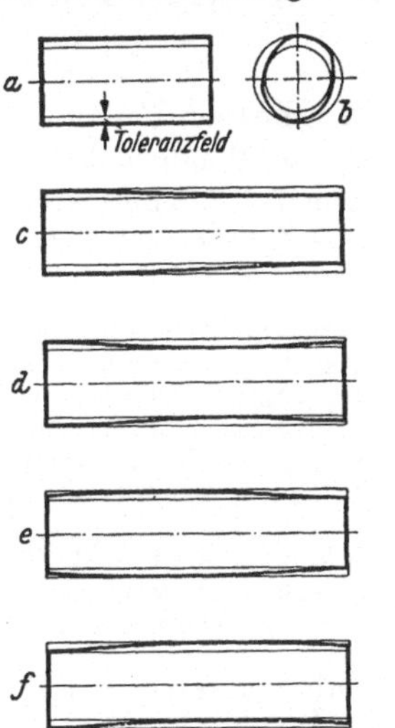

Abb. 94. Einfluß der geometrischen Form auf die Passung. Durch die Grenzbemaßung wird über die Form nichts ausgesagt. Die im Bild dargestellten Formen sind noch zulässig, da die Begrenzungslinien der Welle innerhalb des Toleranzfeldes liegen. Das Toleranzfeld ist hier zur Hälfte nach oben, zur Hälfte nach unten aufgetragen.
a Genauer Kreiszylinder
b unrunder Körper
c kegeliger Körper
d eingezogener Körper
e balliger Körper
f krummer Körper

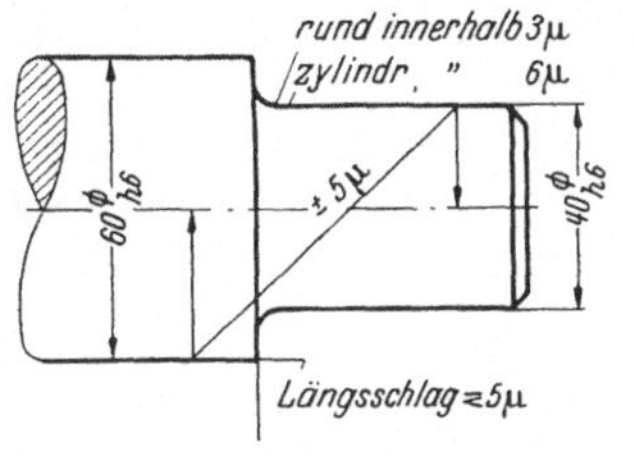

Abb. 95. Grenzbemaßung für eine abgesetzte Welle mit Eingrenzung von Mittigkeit, Rundheit, Zylindrigkeit und Längsschlag. Der Blitzpfeil gibt an, daß der Zapfen innerhalb von ± 5 μ zur Welle „mittig" liegt. Statt zyl. innerh. 6 μ schreibt man auch „unzyl. innerhalb 6 μ".

Die Oberflächenzeichen haben nichts mit der Maßhaltigkeit zu tun; eine polierte Welle mit drei Dreiecken kann eine größere Toleranz besitzen, als eine geschlichtete Welle mit zwei Dreiecken. Bei einer Paßwelle muß also die Toleranz durch die Grenzmaße, die Gleichförmigkeit und Glätte durch die Oberflächenzeichen angegeben werden[2].

[1] Dabei war der Grundsatz maßgebend, der Konstrukteur soll durch die Oberflächenzeichen nur die Flächenbeschaffenheit, nicht die Bearbeitungsverfahren vorschreiben! Damit ist aber der Konstrukteur keineswegs der Pflicht entbunden, sich über die Bearbeitungsverfahren und über die erforderlichen Maschinen und Werkzeuge völlig im klaren zu sein. Bei einigen Werken, namentlich bei Sonder- und Massenherstellung, werden die Werkzeichnungen mit Angaben über die Verfahren versehen oder (getrennt von der Werkzeichnung) sehr ausführliche Bearbeitungsvorschriften ausgegeben. Vgl. Abb. 207. (Zur Hülse T 3746c gehört die Bearbeitungsvorschrift BV. 97). Dabei mag es in großen Werken vorkommen, daß für derartige Angaben nicht die Teilkonstrukteure, sondern die im Werkzeugbau, Vorrichtungsbau, Lehrenbau und in der Arbeitsvorbereitung tätigen Ingenieure verantwortlich sind. Immer aber wird der Teilkonstrukteur den notwendigen Einklang zwischen seinem Entwurf und den erwähnten Bearbeitungsangaben herstellen müssen.

Bei den verschiedenen Werken bestehen in bezug auf die Oberflächenangaben manche Unterschiede (vgl. Abb. 99), die der junge Konstrukteur beachten muß. Bei Benutzung älterer Zeichnungen ist auch auf die früher üblich gewesenen Angaben Rücksicht zu nehmen.

[2] Durch die Grenzmaße wird bei einer Welle der größte und der kleinste Zylinder festgelegt. Zwischen dem größtzulässigen und dem kleinstzulässigen Zylinder liegen viele zulässige Kreis-Zylinder mit Zwischendurchmessern; praktisch jedoch können dies auch andere Gebilde innerhalb der vorgeschriebenen Grenzen sein, nämlich unrunde, kegelige, eingezogene, ballige und krumme Formen oder Vereinigungen davon, Abb. 94. (Vgl. die Abhandlung von Professor Dr.-Ing. O. Kienzle, Z. VDI. 1936, S. 225). Alle Formen *a* bis *f* sind durch die gegebene Toleranz für zulässig innerhalb der Grenzzylinder erklärt. Es ist aber nicht selten notwendig, diese mögliche Auswirkung der Durchmessertoleranz auf die geometrische Form des Werkstückes zu begrenzen. Man kann beispielsweise in bezug auf den Durchmesser von 50 Zapfen (Nenn ⌀ = 40 mm) sehr wohl eine Toleranz von *h* 6 = 16 μ zulassen, verlangt aber bei jedem

Den durch ein, zwei oder drei ▽ gekennzeichneten Flächen, Abb. 96, stehen einerseits die roh bleibenden (unbearbeiteten) Flächen gegenüber, andrerseits jene Flächen, die eine Sonderbearbeitung (poliert, geschabt usf.) oder eine Sonderbehandlung (vernickelt, gehärtet) erfahren.

Die roh bleibenden Flächen gewalzter, geschmiedeter, gegossener Teile erhalten kein Oberflächenzeichen. Nur wenn derartige Flächen glatt sein sollen, z. B. sauber geschmiedet, sauber gegossen usf., so erhalten sie das Zeichen ∼ („Ungefährzeichen", frühere Bezeichnung: Kratzen). Sind die Ansprüche, die man mit diesem Zeichen an die Gleichförmigkeit und Glätte der spanlos hergestellten Fläche stellt, nicht erfüllt, so sind solche Flächen zu überarbeiten[1].

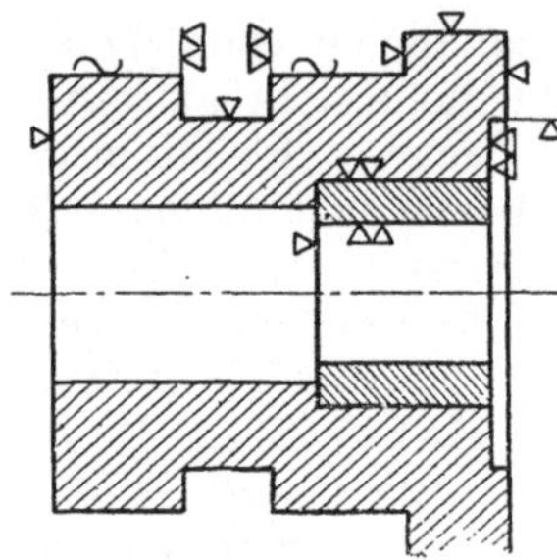

Abb. 96. Oberflächenzeichen.

Sonderbearbeitung, Sonderbehandlung. Oberflächen mit Sonderbearbeitung oder Sonderbehand-

einzelnen Werkstück eine Querschnittsrundheit (größter ⌀ weniger kleinster ⌀) von nur 6 μ und eine Zylindrizität innerhalb von 8 μ (Zylindrizität = größter ⌀ am Werkstück weniger kleinster ⌀ am Werkstück).

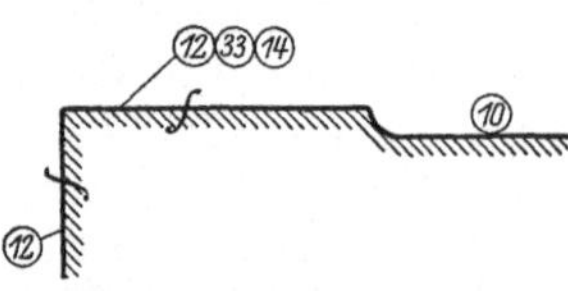

Abb. 97. Oberflächenangaben des Schweizer Normenausschusses[1].

Hierher gehören auch solche geometrische Abweichungen, deren Eingrenzung gewöhnlich übersehen wird. Das sind u. a. die Mittigkeit (Konzentrizität) von abgesetzten Zylindern an einer Welle, die Mittigkeit einer Bohrung in einem außen runden Körper, die senkrechte Lage einer Stirnfläche zu einem Außen- oder Innenzylinder. Die betreffenden Abweichungen heißen dann: Zulässige Außermittigkeit (oder Querschlag) und zulässiger Längsschlag. Diese Abweichungen sind z. B. für genau laufende Spindeln in Werkzeugmaschinen von großer Bedeutung. Die vollständge Grenzbemaßung für einen Zapfen zeigt Abb. 95.

Derartige Vorschriften über Formengenauigkeit und Lagegenauigkeit (siehe Anhang, S. 90) sind namentlich einzuschreiben, falls durch Umspannen oder Maschinenwechsel die normale Arbeitsgenauigkeit gefährdet erscheint. Die Eingrenzung ist zu ergänzen durch Angaben über das Meßverfahren (vgl. O. Volk, Formengenauigkeit und Lagegenauigkeit kreiszylindrischer Bauteile. Maschinenbau, DIN-Mitteilungen 1937, S. 177 und Dr. Gustav Schmaltz, Technische Oberflächenkunde. Berlin: Julius Springer. 1936).

[1] In den Normalien des Vereins Schweizerischer Maschinenindustrieller wird die Oberflächenbeschaffenheit durch Zahlen gekennzeichnet. Die Zahlen 10 bis 20 bedeuten der Reihe nach, roh verputzen, schruppen, schlichten, feinschlichten, schleifen, schaben, polieren usf.; die Zahlen 30 bis 40: ausglühen, abbrennen, einsetzen, härten, vergüten usf. Die Angaben werden nach Abb. 97 eingekreist. Das Zeichen *f* bedeutet „Materialzugabe".

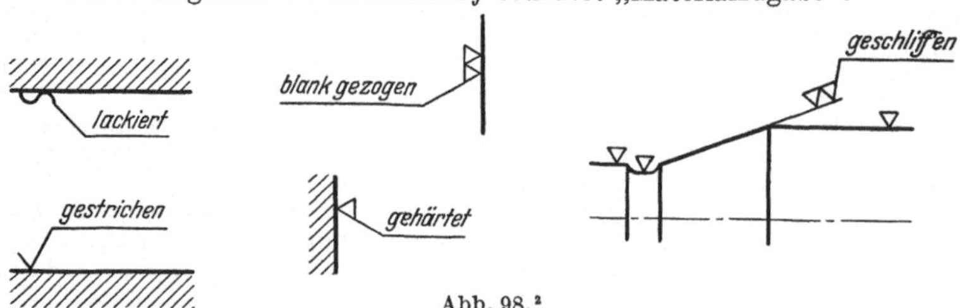

Abb. 98.[2]

[2] Erfolgt zuerst eine Bearbeitung, welche durch die Zeichen ∼, ▽, ▽▽ oder ▽▽▽ bestimmt ist, so schließt sich der Bezughaken an diese Zeichen an.

Bei weitgetriebener Reihenherstellung werden oft besondere Zeichnungen für das Vorschruppen, Drehen und Schleifen angefertigt (Abb. 99a u. 99b). Aus ihnen ist ersichtlich, wo und in welcher Größe Bearbeitungszugaben für die einzelnen Bearbeitungsgänge erforderlich sind oder welche Toleranzen bei den vorbereitenden Arbeiten verlangt werden. Wird eine Zeichnung, die nur die Fertigmaße enthält, für alle drei Arbeiten benutzt, so können die Maßzahlen mit Zusätzen (z. B. für Schleifen 0,4 zugeben) versehen werden.

lung sind durch Wortangabe zu kennzeichnen. Die Wortangabe ist waagrecht zu schreiben und mit der Oberfläche oder dem Oberflächenzeichen durch einen Bezughaken zu verbinden (Abb. 98). Es ist dabei stets der **Endzustand** anzugeben, also „gehärtet", nicht „härten", „poliert", nicht „polieren".

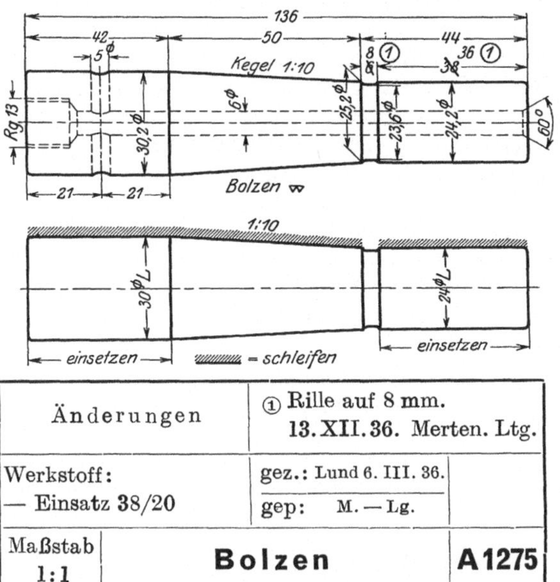

Abb. 99a (oben): Zeichnung für den Dreher.
Abb. 99b (unten): Zeichnung für den Schleifer.
(Von den Zeichnungsnormen weichen ab die Oberflächenzeichen und die Paßmaße. Genormte Schreibweise für die Laufsitzwelle = $24 \frac{\varnothing}{L}$ oder 24 ⌀ $f7$. Die Angabe „Kegel 1 : 10" muß ∥ zur Kegelachse geschrieben werden).

Abb. 100. Achswelle für Triebwagen. Rundungsangaben. Geltungsbereich der Oberflächenzeichen. Polierte Hohlkehle zur Erhöhung der Dauerbiegefestigkeit.

Die Oberflächenzeichen sollen in die Nähe der zugehörigen Maßpfeile stehen (vgl. S. 23) und so eingetragen werden, daß die mit Zeichen versehenen Kanten womöglich einen fortlaufenden Linienzug bilden (vgl. Abb. 96 und 46). Aneinander liegende Flächen erhalten das Oberflächenzeichen nur einmal. (Mit Oberflächenzeichen versehene Werkzeichnungen sind als Einzelteil-Zeichnungen auszuführen. Es werden daher nur ausnahmsweise zwei Flächen zusammenstoßen. Beim Einschreiben von Oberflächenzeichen in Zusammenstellungen ergeben sich oft Schwierigkeiten. Vgl. Abb. 105.)

Sind von einem Werkstück mehrere Schnitte und Ansichten gezeichnet, so sind die Oberflächenzeichen und die zugehörigen Maße womöglich nur in **eine** Figur einzutragen.

Kleinere Löcher, die gestanzt oder aus dem Vollen gebohrt und nicht nachgearbeitet werden, erhalten meist kein Oberflächenzeichen.

Erstreckt sich eine bestimmte Oberflächengüte nur über einen begrenzten Teil der Oberfläche, so ist der Geltungsbereich des Oberflächenzeichens durch eine Maßlinie (mit oder ohne Maßzahl) zu kennzeichnen (Abb. 100).

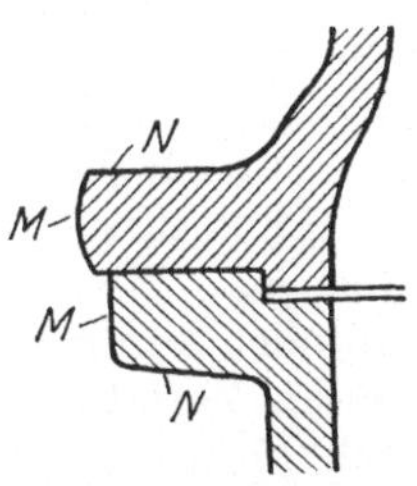

Abb. 101. Bei Abb. 101 ist vorausgesetzt, daß beide Flanschen bei M und N unbearbeitet bleiben. Des besseren Aussehens wegen wird der eine Flansch dann größer gehalten und außen wulstförmig ausgeführt. Die Sitzflächen für Mutter und Kopf werden nur angefräst. Dies setzt voraus, daß die Stellen für den Fräskopf oder Senker zugänglich sind!

Wird ein Werkstück allseitig geschruppt (oder allseitig geschlichtet), so kann man die Dreiecke **neben die Teilnummer** setzen. In die Teilzeichnung selbst werden dann **keine** Oberflächenzeichen eingetragen. Gegen diese Regel bestehen manche Bedenken. Sie kann einen Konstrukteur, der über die bei den einzelnen Flächen erforderliche Bearbeitungsgüte nicht nachdenken mag, verleiten, rasch entschlossen ein Doppeldreieck neben die Teilnummer zu schreiben. Der gewissenhafte Konstrukteur wird folgendermaßen vorgehen: er wird zuerst überlegen, wo Paßdurchmesser oder Längenmaße mit Toleranzen vorkommen und welche Bearbeitung für diese Paßflächen erforderlich ist. Es ist Pflicht und Aufgabe des Konstrukteurs, die Zahl und die Abmessungen der Paßflächen und der bearbeiteten Flächen so weit als möglich zu beschränken. Sind die Paßflächen bezeichnet, so sucht man die Flächen heraus, die auf anderen Flächen gleiten, auf anderen Flächen dampfdicht ruhen usf. Hier ist meist Schlichten oder Feinschlichten erforderlich, vielleicht mit dem Zusatz „geschabt", „eingeschliffen" usf. Hingegen sind Flächen, die nur satt aufliegen sollen oder die gegen weiche Packungen drücken, nur grob zu schlichten. Freie Flächen können unbearbeitet bleiben (vgl. Abb. 101), sofern nicht, z. B. wegen Gewichtsersparnis oder genauen Rundlaufens usf. eine Bearbeitung notwendig wird. Mitunter kann es erforderlich sein, freie Hohlkehlen, Wellenabsätze usf. sehr sorgfältig zu bearbeiten (Polieren, Prägepolieren, Drücken usf.), um Spannungserhöhungen durch Kerbwirkung zu vermeiden oder zu verringern (Abb. 100).

Mit Rücksicht auf Lohn und Werkstoffpreis ist das Zerspanen möglichst einzuschränken. Gepreßte, gezogene, gestanzte und gebogene Teile finden vermehrte Anwendung. Viele Teile, die man früher blank gemacht hat, können gestrichen werden, viele Teile, die man bisher gestrichen hat, können roh bleiben, falls man der Gießerei mit dem Zeichen $\sim$ sauberen Guß, der Schmiede saubere Arbeit vorschreibt.

7. Stückliste.

Teilnummern, Abb. 102—110. Früher war es allgemein üblich, die Zusammenstellungszeichnung, z. B. eines Ventils, gleichzeitig als Werkzeichnung zu benutzen. Es wurden alle Maße in die Gesamtzeichnung eingetragen und jedes Stück mit einer Stücknummer oder Teilnummer oder einem Buchstaben bezeichnet. Nun geht man immer mehr dazu über, in der Gesamtzeichnung nur die Zusammenbaumaße und die Teilnummern anzugeben und die Einzelteile mit allen Maßen und Bearbeitungsangaben getrennt herauszuzeichnen (Abb. 102 und 103).

Abb. 104 und 108 zeigen Teilblätter aus dem Feinmaschinenbau. Abb. 104 gehört zur Zusammenstellungszeichnung Abb. 107.

Die Teilnummern sind nicht beliebig oder der Reihe nach einzuschreiben, vielmehr sind bestimmten Teilgruppen bestimmte Zahlengruppen zuzuweisen. Dabei kann man zwei Verfahren einschlagen und entweder nach dem Werkstoff oder (besser) nach dem Zusammenbau trennen.

Trennt man nach dem Werkstoff, so beginnt man bei den Gußteilen mit 1, wobei man die ersten Ziffern meist den größten Gußstücken zuweist. Nach den Gußteilen kommen die Schmiedeteile, die Teile aus Stahl, Rotguß usf. Nach dem zweiten Verfahren würde man bei einer Drehbank vielleicht die Zahlengruppe 1 bis 99 für den Spindelstock, die Gruppe 100—199 für die Schlitten usf. verwenden. Mitunter werden die Gußstücke mit 1, 2, 3 usf., die Schmiedestücke mit 01, 02, 03 bezeichnet. Ein Schmiedestück in der Gruppe 100—199 erhält z. B. die Teilnummer 0115. In manchen Werken versieht man die Teilnummern zur Kennzeichnung der Geräte oder der Maschinen, zu denen sie gehören, noch mit einem oder mehreren Buchstaben (Abb. 107).

Versieht eine Firma alle Teile, die zur Leitspindeldrehbank, Größe 2, Einscheibenantrieb gehören, mit dem Zeichen L 2 E, so wäre obigem Schmiedestück das Zeichen (oder die Teilblattnummer oder Lagernummer) L 2 E 0115 zu geben. Bei Normteilen verwende man die Normblattnummer gleichzeitig als Lagernummer.

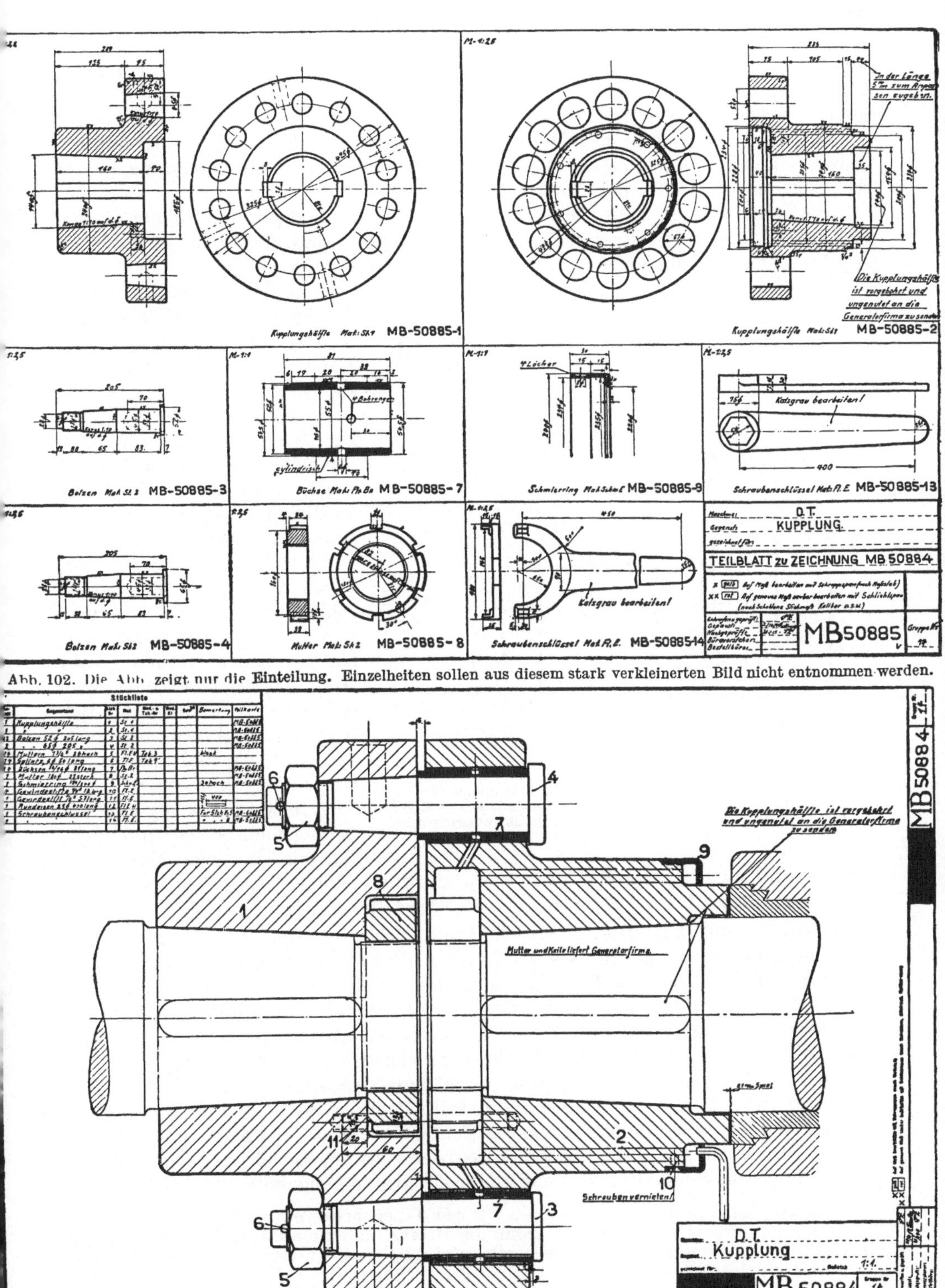

Abb. 102. Die Abb. zeigt nur die **Einteilung.** Einzelheiten sollen aus diesem stark verkleinerten Bild nicht entnommen werden.

Abb. 103. Zusammenstellungszeichnung zu Abb. 102 (verkleinert). Teilnummern zu klein, zu dünn geschrieben; stehen zu dicht an den Teilen.

Behörden, die auf Grund der Werkzeichnungen Aufträge an eine Reihe von Werken vergeben und die Stammzeichnungen nach Blattgrößen in die Zeichnungsschränke einordnen, schreiben vor die Zeichnungsnummer noch ein Formatzeichen. Bei Teilen, die häufig ausgewechselt werden müssen und die der Kunde auf Grund einer Ersatzteilliste nachbestellt, wird die Lagernummer auf den Teilen selbst angebracht (eingegossen, graviert, geätzt. Vorsicht! Eingeschlagene Nummern waren schon oft die Ursache von Dauerbrüchen). Als Teilbezeichnung in der Werkzeichnung dienen dann meist Buchstaben.

Die Teilnummern sollen sehr groß und kräftig (zwei bis dreimal höher als die Maßzahlen, aber mindestens 5 mm hoch) geschrieben und nach den Vorschlägen des Deutschen Normenausschusses **nicht** eingekreist werden[1].

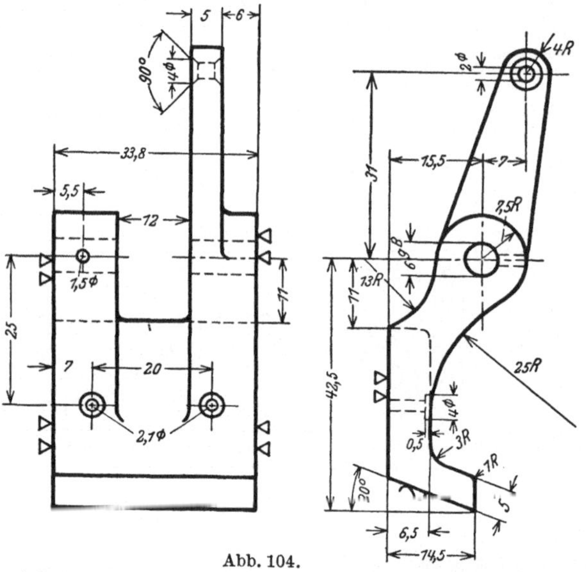

Abb. 104.
Anker zum Hilfsrelais Abb. 107. Nach den Zeichnungsnormen ist folgendes zu ändern: 1. statt „R" ein hochgestelltes „r", 2. Halbmesserzeichen r weglassen, falls der Mittelpunkt angegeben ist. Vgl. Seite 26, Absatz b.

Bei Zeichnungen, die aus wenigen größeren Teilen bestehen, bereitet die Anordnung der Teilnummern keine Schwierigkeit. Bei vielen kleinen Teilen muß man sich den Platz für die Nummern gut überlegen. Jeder Teil soll rasch auffindbar sein, Verwechslungen sollen nicht vorkommen können, lange Bezugstriche, die andere Teile, Maße und Maßlinien durchschneiden oder mit Körperkanten zusammenfallen, sollen vermieden werden (Abb. 109). Am besten ist eine mehr reihenweise Anordnung der Nummern (vgl. Abb. 105, auch 110) mit parallel zueinander laufenden, lotrechten oder waagrechten Bezugstrichen. Namentlich bei Gesamtzeichnungen, die viele Maße enthalten, wird es gut sein; die Maße mehr nach der einen Seite zu schreiben und die andere Seite für die Teilnummern zu verwenden.

Schriftfeld und Stückliste. Das Schriftfeld, das meist die aus Abb. 111 a u. b ersichtlichen Spalten enthält, kommt in die untere rechte Ecke der Zeichnung, in 10 mm Abstand von den Kanten der beschnittenen Lichtpause. Die Stückliste kann sich an das Schriftfeld anschließen, wobei man die Teilnummern von unten nach oben anordnet so daß die Liste nach oben erweitert werden kann. In manchen Fällen (Abb. 105) kann die Gesamtzeichnung gleichzeitig Werkzeichnung für einen Teil sein, während alle anderen Teile ohne Maße bleiben (vgl. Abb. 106). Wird die Zeichnung z. B. eines Ventils völlig in Teilblätter zerlegt, so bleiben Zusammenstellung und Stückliste meist auf einem Teilblatt vereint. Bei ganzen Maschinen, die aus Hunderten von Teilen bestehen, werden zusammengehörige Teile zu Gruppen (z. B. Bett, Spindelstock, Schlitten usf.) zusammengefaßt. Die Stücklisten

[1] Für Apparate u. dgl., die aus vielen kleinen Teilen bestehen, werden oft eingekreiste Teilnummern verwendet. Es besteht dann die Gefahr, daß eingekreiste Teilnummern mit eingekreisten Änderungsnummern verwechselt werden können. (△ statt ○ verwenden!)

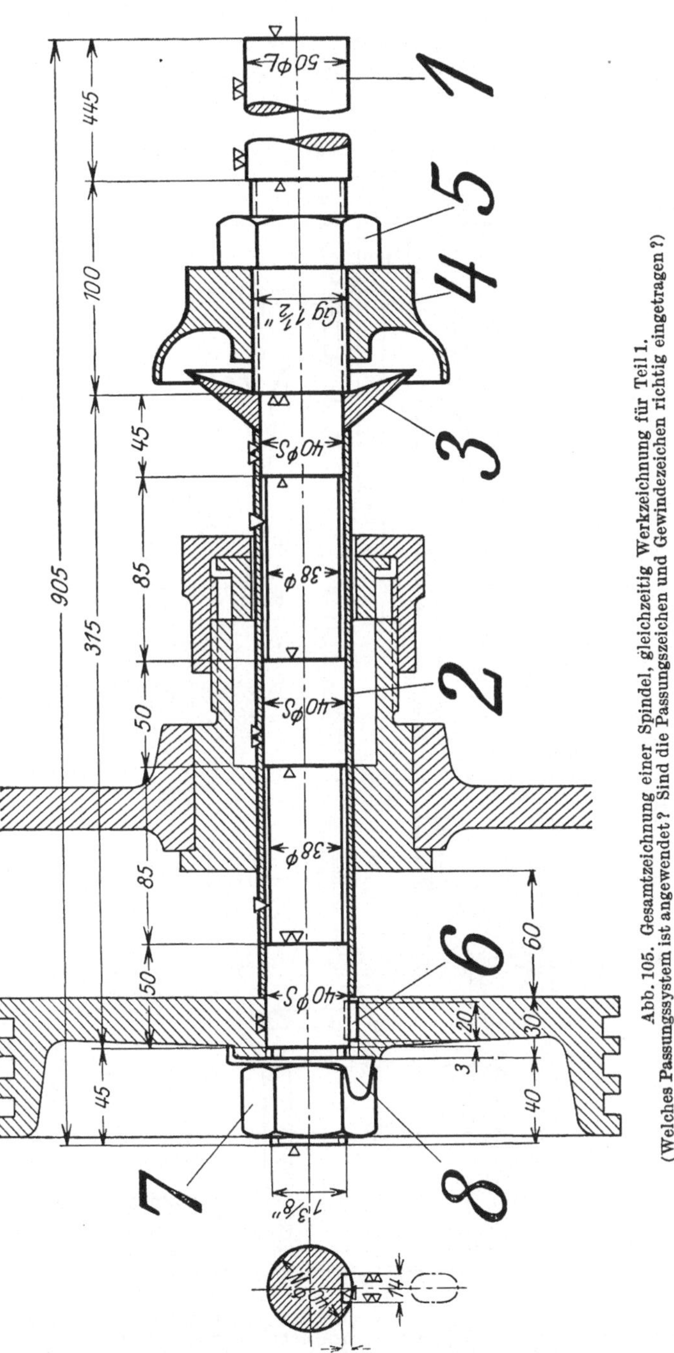

Abb. 105. Gesamtzeichnung einer Spindel, gleichzeitig Werkzeichnung für Teil 1. (Welches Passungssystem ist angewendet? Sind die Passungszeichen und Gewindezeichen richtig eingetragen?)

werden dann meist von diesen Zeichnungen getrennt und bestehen aus einer größeren Zahl von Blättern (210 × 297). Stücklisten und Stücklistenblätter sind mit größter Sorgfalt anzufertigen. Maßzahlen und Stücklisten sind bestimmend für die Ausführung. (Vgl. Abb. 112a u. b.) Für kleinere Zeichnungen und Teilzeichnungen werden die Listen entsprechend vereinfacht. Bei den Teilblättern die in Karteien aufbewahrt werden sollen, ist das Schriftfeld (oder die Nummer)

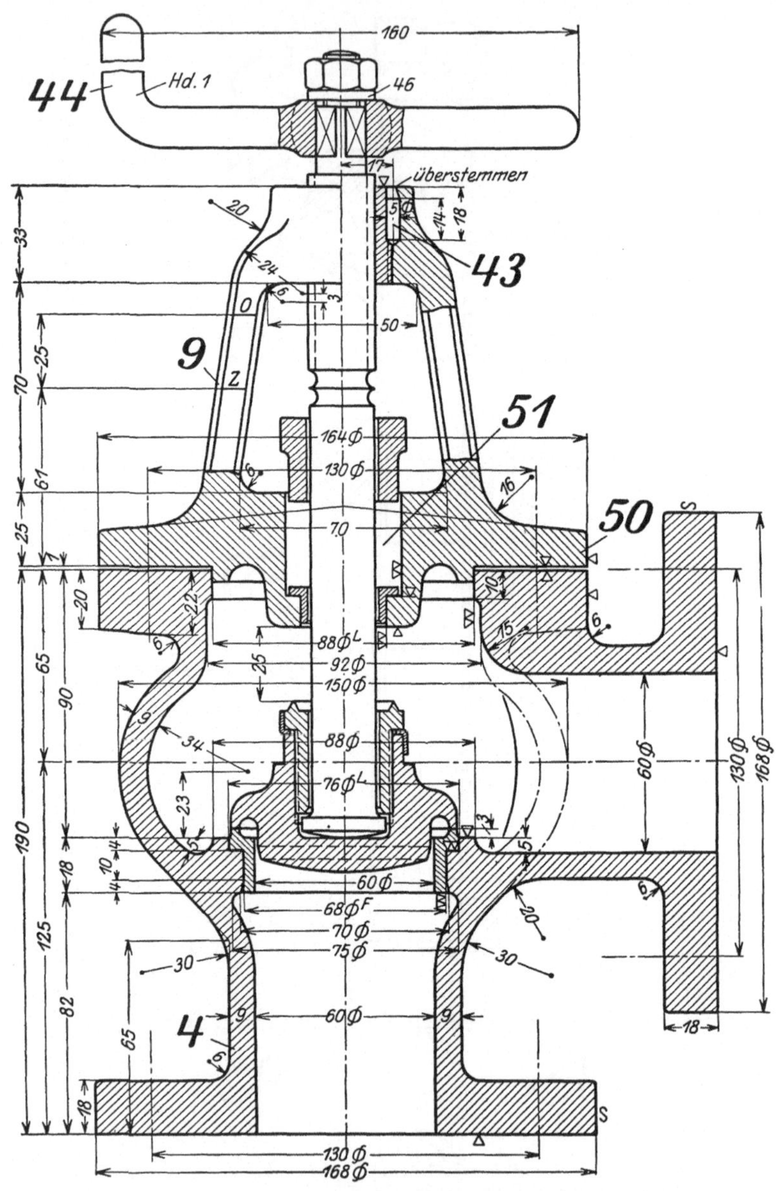

Abb. 106. Ausschnitt aus einer Gesamtzeichnung, gleichzeitig Werkzeichnung für Gehäuse und Deckel. Nach den Zeichnungsnormen sind die Durchmesserzeichen hoch zu stellen und mit einem geraden Strich zu versehen. Die Bezugstriche der Teilnummern sind besser anzuordnen. Vgl. die Normen über Ventile.

so anzuordnen, daß sich das gewünschte Blatt leicht auffinden läßt. Das ist besonders zu berücksichtigen bei größeren Blättern, die gefaltet eingelegt werden müssen und bei Blättern, die z. B. beim Zeichnen in Längslage, beim Einlegen in

Hochlage verwendet werden. Abb. 112a zeigt einige Zeilen aus einem Stücklistenheft für eine Fräsmaschine.

Die Maschine ist in 12 Gruppen zerlegt. Aus der Gruppe „Support mit Selbstgang" ist das Teil 48 in Abb. 112b wiedergegeben. Für jedes Teil wird eine derartige Zeichnung als Stammpause angefertigt. Die Weißpausen gehen mit den Arbeitsbegleitblättern in die Werkstätte.

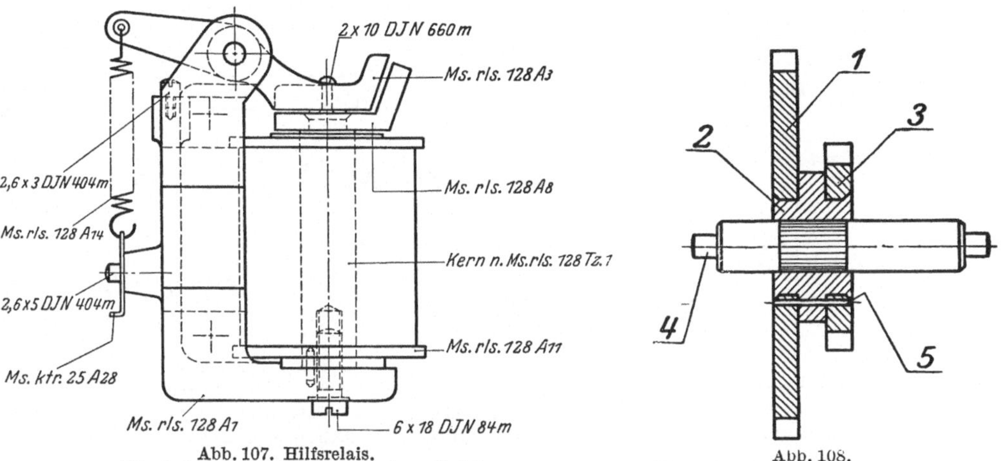

Abb. 107. Hilfsrelais.
(*Ms.* bedeutet Meßinstrument, *rls.* = Relais, *128* = Zeichnungs-Nr., *TZ 1* = Teilzeichnung 1.)

Abb. 108.
Hervorheben der Stücknummer durch Unterstreichen.

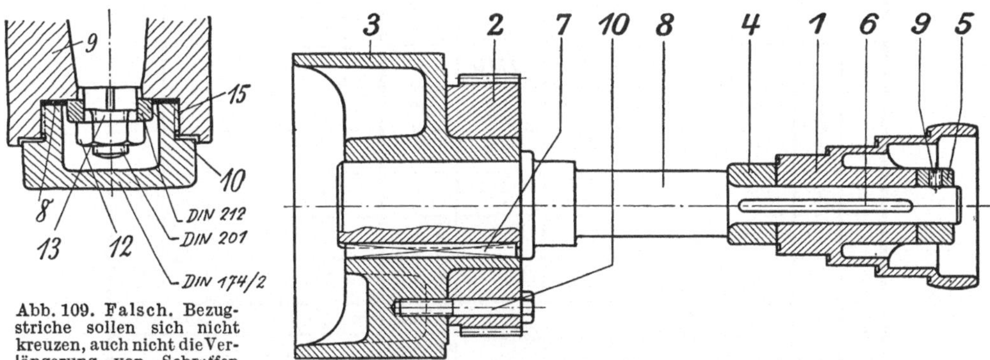

Abb. 109. Falsch. Bezugstriche sollen sich nicht kreuzen, auch nicht die Verlängerung von Schraffen bilden. Normangaben sind zu den Stücknummern zu schreiben oder (besser) nur in der Stückliste anzugeben.

Abb. 110. Reihenweise Anordnung der Stücknummern, senkrechte Bezugstriche (Neuerer Zeit werden schräge Bezugstriche empfohlen, weil die mit den Körperkanten parallel laufenden senkrechten oder waagerechten Striche zu Verwechslungen führen können.)

Änderungen. Für kleine Änderungen, die nachträglich vorgenommen werden, soll unter oder neben der Stückliste ein besonderes Schriftfeld vorgesehen werden (Abb. 111). Die Änderungen sind im Schriftfeld und in der Zeichnung einzutragen. Es ist darauf zu achten, daß die Änderung in allen Zeichnungen erfolgt und sich auch auf die in der Werkstatt befindlichen Teilblätter erstreckt.

Handelt es sich um Maßänderungen, so ist dafür zu sorgen, daß die Änderung in allen Ansichten und Schnitten vorgenommen wird und daß auch die von den geänderten Maßen abhängigen Summenmaße und die Maße auf

				3				
				2				
				1				
c	b	a	Benennung und Bemerkung	Teil	Zeichn.Nr. Lag. Nr.	Werkstoffe u. Rohmaß	(Bezeichnung für Modelle u. dgl.)	(Gewichts Angaben)

Stückzahlen	Änderung		a	b	c
		am			
		Name			
		Gepr.			

	Datum	Name		
Gezeichnet			M. M. A. Leipzig	
Geprüft				
Norm gepr.				
Maßstab	Kolben 500 ⌀			4 M. 1219
Bauart				Ersatz für
				Ersetzt durch

Abb. 111a. Anordnung des Schriftfeldes und der Stückliste.
(Auf Werkzeichnungen ist die Stückliste in schräger Blockschrift auszuführen.)

Teil	Anzahl für eine Masch.	Gegenstand	Werkst.	Modell / Querschnitt / Norm	Länge / Normteil	Anz.	Gegenstand	Norm	Normteil
6	1	Stirnrad 3×35	K2	111⌀	20				
5	1	Stirnrad 3×30	K2	96⌀	20				
4	2	Rollenbolzen	K4 härten	18⌀	65				
3	1	Schaltwelle	K2 m. Kali abb.	25⌀	80	1	Paßfeder	3123	4×4×20
2	1	Handrad		N. 3148	I/20×45×200	1	Kegelstift	3101	5×45
1	1	Konsol	G.E.	W221-41		1	Konusöler	3501	10
						Zubehör			

Abb. 111b.
Schriftfeld und Stückliste. (Fritz Werner AG., Marienfelde.)

Anschlußzeichnungen geändert werden! Dabei soll das alte Maß durchstrichen werden. Das neue Maß kann daneben geschrieben werden oder es wird neben das durchstrichene Maß ein Buchstabe oder eine eingekreiste Zahl geschrieben, wodurch auf den im Schriftfeld befindlichen Änderungsvermerk verwiesen wird (Abb. 99 u. 111a).

Stückliste Blatt 20

Benennung				Fabr.-N. 3.230			W. A. 54321		
Support mit Selbstg.				Ausgegeben: .... Bearbeiter:			Anzahl d. Maschinen 20		
Teil	Zeich.	Stck.	Gegenstand		Werkst.	Gewicht	Maße	Modell	Vorrat
47	252	1	Kegelrad Z=26		härten 200		68φ×33		
48	252	1	Kegelrad Z=16		härten 200		44,3×59,5		
49	252	1	Keil		152		8×5×33		

Abb. 112a stellt einen Ausschnitt dar aus dem Stücklistenblatt Nr. 20. Der Support mit Selbstgang gehört zu einer Senkrechtfräsmaschine. Die ganze Maschine umfaßt über 800 Einzelteile. Der Support setzt sich aus 192 Teilen und 181 Zubehörteilen zusammen. Die zu Teil 48 gehörige Teilblattzeichnung ist in Abb. 112b dargestellt.

Bei größeren Änderungen empfiehlt es sich, die Blätter zurückzuziehen und durch neue Zeichnungen mit neuen Nummern zu ersetzen. Dann müssen auch die Modellnummern, Lagernummern usf. geändert werden. In größeren Firmen bestehen über die Abänderung oder Zurückziehung von Zeichnungen meist besondere Vorschriften, die genau zu beachten sind.

Verschiedene Bauarten. Oft wird ein Werkstück von Hause aus für mehrere Ausführungsformen (Bauarten) entworfen, die sich nur wenig voneinander unterscheiden, z. B. Augenlager für 35, 40, 45 mm Bohrung, Gehäuse mit Anschlußstutzen von 20, 25, 30 mm Durchmesser (Abb. 113), Laufräder von Kreiselpumpen mit gleichem Durchmesser und verschiedener Breite usf.

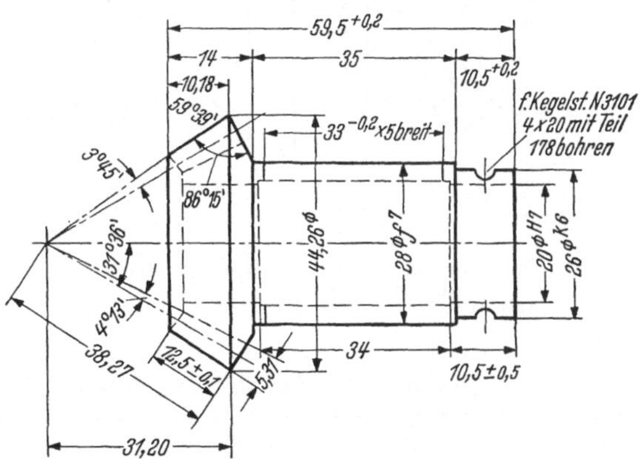

Abb. 112b ist nach der Stammpause im Maßstab 1:1 auf ²/₃ verkleinert. Auf der Arbeitsbegleitkarte sind noch angegeben: Teilkreisdurchm., Zähnezahl und Teilung.

Dann wird in der Zeichnung an Stelle der betreffenden Maßzahlen ein Buchstabe geschrieben und eine kleine Zahlentafel aufgestellt (Tafel VII). Die von jeder Bauart erforderliche Stückzahl geht aus der Stückliste hervor. Natürlich erfordert eine derartige Zusammenfassung ähnlicher Teile eine sehr scharfe Überwachung der Modellbezeichnung und Lagerhaltung.

Die Unterschiede zwischen zwei Bauarten können sich nicht nur auf die Abmessungen, sondern auch auf die Form erstrecken. Hierher gehören die Links- und Rechtsausführungen von Dampfzylindern, Maschinenrahmen usf. Wird die zweite Form nicht vollständig gezeichnet, dann soll sie wenigstens durch eine Skizze angegeben werden, da sonst leicht folgenschwere Irrtümer unterlaufen können. Soll — um ein ganz einfaches Beispiel zu bringen — der Führungsbock Abb. 114 für links und rechts verwendet werden, so ist zu beachten, daß in beiden Fällen die größere Bohrung B_1

Tafel VII.

Maß	Bauart I	Bauart II	Bauart III
F	50	60	70
G	110	110	120
H	20	25	25

und der längere Vorsprung V auf der Kurbelseite liegen müssen. Es sind also die Kernmarken zu versetzen, die Kerne anders einzulegen und das ganze Auge dem Lagerbock gegenüber zu verschieben. Dies muß aus der Konstruktionszeichnung eindeutig hervorgehen und jede Form muß eine besondere Modellnummer erhalten (z. B. 1723a und 1723b). Der Tischlerei kann es dabei überlassen werden, ob sie nur ein Modell anfertigt, das jeweils geändert wird, oder ob für jede Ausführungsform ein besonderes Modell hergestellt wird. Sind nur wenige abweichende Ausführungen zu erwarten und soll daher nur ein Modell angefertigt werden, so ist es Aufgabe des Konstrukteurs, die Form so zu entwerfen, daß die Modelle mit ganz wenigen, einfachen Änderungen für beide Fälle brauchbar sind.

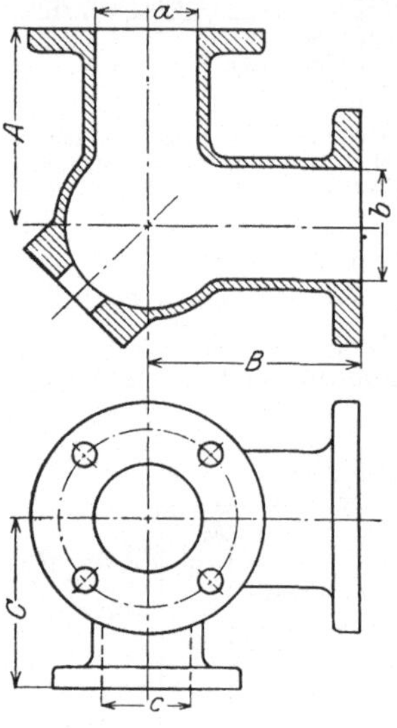

Abb. 113. Dreiwegstück, 6 Maße veränderlich (vgl. die Stückliste Abb. 111a.)

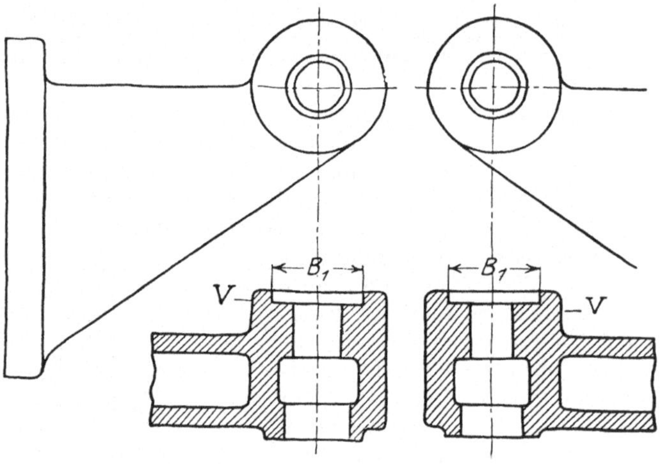

Abb. 114. Dampfmaschinensteuerung. Führungsbock für Links- und Rechtsmaschine.

Tafel VIII. Werkstoffverzeichnis. Gruppe Stahl (Auszug).

Nr.	Bezeichnung	Abkürzung	Zugfestigkeit σ_B (kg/mm²) und Mindestdehnung. Sonstige Eigenschaften	Preis für 100 kg M.	Verwendungsbeispiele	Lagerhaltung, Bemerkungen
12	Maschinenbaustahl, unlegiert.	St. 50. 11	σ_B = 50 bis 60 kg/mm² bei 18% Dehnung, wenig härtbar, nicht feuerschweißbar.		Größere Schmiedeteile, namentlich Kurbelwellen, Pleuelstangen usf. für niedere Drehzahlen, große Muttern, Bügel, Schrumpfringe, Triebwerkswellen über 80 mm Durchmesser, ungehärtete Zapfen aller Art. Drehteile, welche ohne Schmiedearbeit aus dem Vollen gedreht werden.	□ 120, 130, 140, 160, 180, 200, 250 mm ▭ 200× 100, 200×150 220×110, 250×100, 250 ×150, 300×150, 400× 200, je 4—6 m lang. ⌀ 18—30, von 2 mm zu 2 mm steigend, 35—100 von 5 zu 5 mm steigend, 100—200 mm von 10 zu 10 mm steigend, gewalzt in Längen von 5—7 m.

Werkstoffangaben. Die Angaben über den Baustoff sind an Hand der Normen oder Werksnormen (siehe S. 42, Abschnitt e) genau und eindeutig in die Stückliste einzutragen. Allgemeine Angaben, wie Gußeisen, Stahl, Bronze usf. genügen nicht. (Vgl. Abb. 112 u. 207; bei Abb. 207 ist auch auf die Liefervorschriften verwiesen, die noch nähere Angaben über Eigenschaften, Abmessungen, Toleranzen usf. des zu verwendenden Siemens-Martin-Stanzbleches enthalten.)

Meist sind Werkstoffverzeichnisse vorhanden, aus denen die verschiedenen Sorten, die genormten Bezeichnungen, die wichtigsten Festigkeitseigenschaften, der Preis, die Verwendung und die Abmessungen der Lagerbestände entnommen werden können. Eine Spalte aus einer derartigen älteren Liste zeigt Tafel VIII. Tafel X, S. 91 enthält Werkstoffe für Haupt- und Nebenlager. Seit Herbst 1943 werden von den Reichsstellen Werkstoffeinsatzlisten herausgegeben. (Siehe Tafel XII, S. 92.)

II. Die Zeichnung und die Fertigung.

1. Allgemeines.

Es wurde schon anfangs erwähnt, daß der Konstrukteur nicht eine Zeichnung, sondern ein Werkstück anzufertigen hat. Vom Standpunkt des Zeichners aus gesehen, steht die werkstattreife Konstruktionszeichnung am Ende seiner Arbeit. Der Konstrukteur muß aber über das Werkstück und dessen Bauaufgabe schon vor Beginn der Arbeit im klaren sein, nur dann wird er betriebsgerechte, werkstattgerechte und werkstoffgerechte Bauteile schaffen können. Natürlich lassen sich die genannten und viele andere Gesichtspunkte für die Formgebung nur im engsten Zusammenhang mit einer bestimmten Konstruktion, die in einer bestimmten Werkstatt ausgeführt werden soll, erörtern. Auch kann hier nicht auf Fragen eingegangen werden, die in ein Lehrbuch über Gießerei, Gesenkebau oder Werkzeugmaschinen gehören. Hier sollen an einigen Beispielen nur jene allgemein gültigen Regeln besprochen werden, die den Zusammenhang der Konstruktionszeichnung mit der Produktion und die Beziehungen des zeichnenden Konstrukteurs mit dem ausführenden Werkmann betreffen [1].

Bei Neukonstruktionen sind die eingeführten Normen, die Listen oder Karteien vorhandener Modelle, Gesenke und Schnitte und die Aufstellungen über die Bearbeitungseinrichtungen (Maschinen, Vorrichtungen, Sonderwerkzeuge, Schablonen usf.) zu beachten.

Bestehen derartige Listen nicht, so ist eine unmittelbare Verständigung mit der Werkstätte herbeizuführen.

Maschinenteile für den gleichen Zweck, die an verschiedenen Maschinen gleiche Größe vorkommen (z. B. Kreuzköpfe für Dampfmaschinen, Pumpen, Kompressoren usf., Steuerwellenlager, Stopfbüchsen) oder die in verschiedenen Abteilungen benötigt werden, sollen womöglich gleiche Abmessungen erhalten, damit sie wirtschaftlich in größerer Stückzahl hergestellt werden können. Vor Ausführung derartiger Teile soll sich der Konstrukteur auf dem vorgeschriebenen Weg mit den anderen Abteilungen, mit der Gießerei, der Werkstatt usf. verständigen. (Sehr

[1] Anfängern wird empfohlen, ihre Zeichnungen an Hand der Abb. 115 bis 206 durchzusehen. Sie werden dadurch auf manche Zeichenfehler aufmerksam werden, z. B. bei den Maßen, Passungen, Oberflächenzeichen, Bearbeitungszugaben, Werkzeugauslauf, Modellteilung usf.

erzieherisch wirkt die in manchen Werken bestehende Vorschrift, daß der Konstrukteur bei der Abnahme neu angefertigter Modelle, Gesenke usf. zugegen sein muß und daß er die Übereinstimmung mit der Zeichnung zu bescheinigen hat.)

2. Modell, Einformen und Guß.

a) Grauguß.[1] 1. Das Gußstück soll so gestaltet werden, daß das Modell sich womöglich im zweiteiligen Kasten einformen läßt; mehrteilige Kasten, falsche Kerne usf. sind tunlichst zu vermeiden. Man überlege sich beim Entwurf stets, wie die Teilebene im Modell verläuft und in welcher Richtung das Modell auszuheben ist. Das Ausheben des Modelles aus der Form, der Kerne aus den Kernbüchsen soll leicht möglich sein, namentlich bei Formmaschinenarbeit (Rippen verjüngen, Wände neigen usf. Bei Schablonenformerei ist keine Neigung der Wände erforderlich). Seitliche Augen, Leisten und Angüsse erschweren das Ausheben. Man befestigt derartige Augen oft lose am Modell (Anstecker). Diese losen Augen sind mitunter die Ursache von Gußfehlern[2], sie geraten in Verlust, werden an unrichtiger Stelle befestigt usf. Alle Ecken sind gut zu runden. Scharf einspringende Ecken sind oft die Ursache von Rissen und auch formtechnisch zu verwerfen, da sie beim Ausheben des Modelles meist ausbrechen und dann ausgebessert werden müssen. Richtig angeordnete Rundungen erleichtern auch das Fließen des Werkstoffes beim Gießen.

2. Ungünstige Stoffanhäufungen sind zu vermeiden, die Wandstärken sind möglichst gleichmäßig auszuführen (Abb. 115, 116). Muß ein schwacher Querschnitt in einen starken übergeführt werden, so ist ein allmählicher Übergang zu wählen, doch darf die Übergangsstelle selbst keine Gußanhäufung zeigen (Abb. 119a/d). Man beachte die Gußanhäufungen, die in den Ecken bei gleichzeitiger Anwesenheit von Rippen entstehen. (Abb. 14 zeigt eine Konstruktion mit ausgesparten Rippen.)

Gehäuseteile, die sich bei wechselnden Betriebstemperaturen frei ausdehnen sollen, darf man nicht mit kälter bleibenden Teilen, mit Flanschen und sonstigen starren Wänden zusammengießen. (Namentlich bei Heißdampfzylindern und bei den Zylinderköpfen der Verbrennungsmaschinen zu beachten.) Vermag der Konstrukteur das Zusammentreffen nicht zu vermeiden, so soll er wenigstens dafür sorgen, daß an der Stoßstelle keine Gußanhäufung entsteht (Abb. 117).

3. Das Nachfließen des Werkstoffes darf (namentlich bei Stahlformguß) nicht durch Querschnittsverminderungen verhindert werden. Starke Querschnitte im Innern eines Werkstückes, denen der Werkstoff durch dünnere Wände zufließt, sind möglichst zu vermeiden.

4. Auf Gußspannungen ist Rücksicht zu nehmen. Gußspannungen entstehen immer dann, wenn zusammenhängende Teile eines Abgusses verschieden schnell abkühlen. Können diese Spannungen nicht durch möglichst gleichmäßige Wand-

[1] Die Punkte 1 bis 11 gelten ziemlich allgemein für Gußstücke. Für Sondergußeisen, Temperguß, Hartguß, Stahlguß, Spritzguß, Leichtmetallguß, gießbare Kunststoffe usf. muß der Konstrukteur die Besonderheiten des Stoffes und des Verfahrens und die betreffenden Angaben der Herstellerfirmen beachten. Im Abschnitt b und c wird kurz auf Stahlguß und Spritzguß hingewiesen

[2] Bei gut gearbeiteten Modellen erhalten die losen Augen Schwalbenschwanzführungen, die aber erhebliche Kosten verursachen. Auch Anstecker aus Metall sind üblich. Der Konstrukteur muß dann deren Durchmesser durch Werksnormen festlegen.

stärken vermieden oder vermindert werden[1], so ermögliche man die Formänderung durch Teilen des Gußstückes, Sprengen der Radnaben usf.

5. Bei den zu bearbeitenden Flächen macht die Tischlerei eine Bearbeitungszugabe, die bei großen Gußstücken

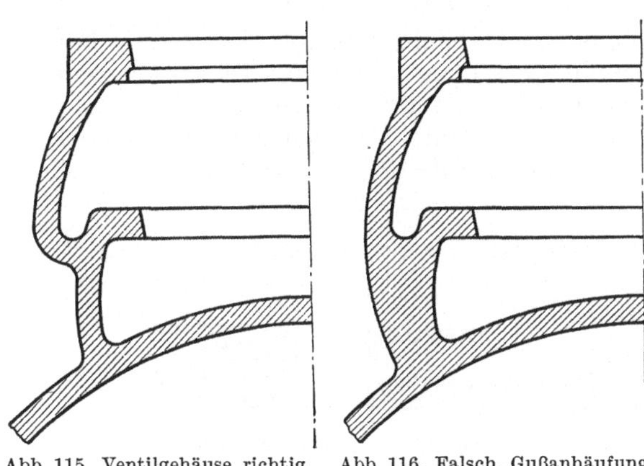

Abb. 115. Ventilgehäuse, richtig. Abb. 116. Falsch, Gußanhäufung.

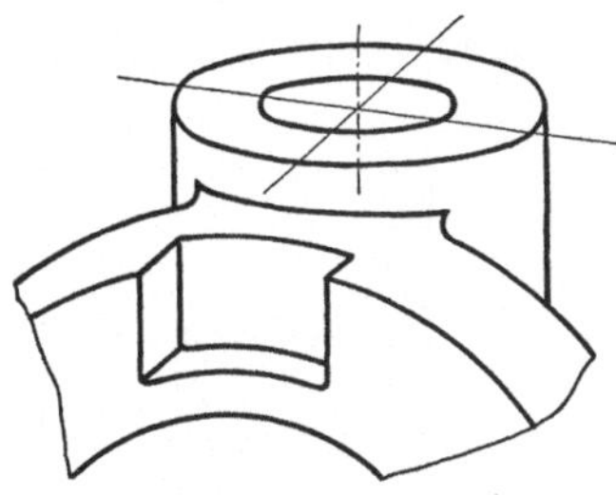

Abb. 117. Flansch ausgespart, um Gußanhäufung zu vermeiden.

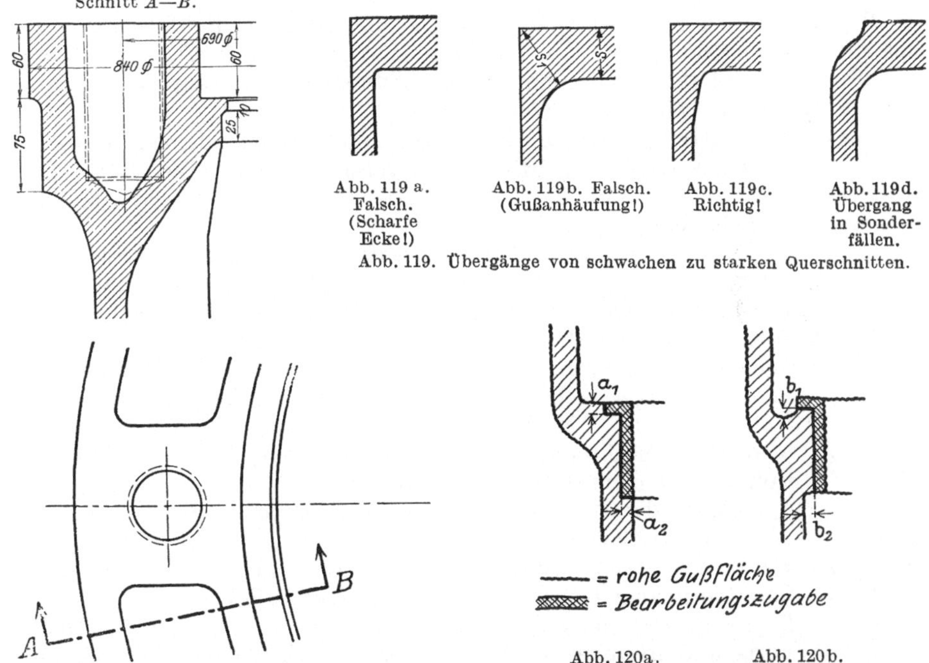

Abb. 118. Zylinderflansch eines Dieselmotors. Aussparungen und Übergänge beachten!

Abb. 119 a. Falsch. (Scharfe Ecke!) Abb. 119 b. Falsch. (Gußanhäufung!) Abb. 119 c. Richtig! Abb. 119 d. Übergang in Sonderfällen.

Abb. 119. Übergänge von schwachen zu starken Querschnitten.

Abb. 120 a. Versenkte Bearbeitungszugabe. Abb. 120 b. Erhöhte, aufgelegte Bearbeitungszugabe.

meist größer ist als bei kleinen. Die fertig bearbeiteten Flächen können nach Abb. 120 entweder vorspringen oder zurückspringen. Bei Ausführung nach

[1] Vgl. Abb. 118. Der starke Flansch besitzt Aussparungen. Der Übergang von der Wand zum Flansch erfolgt allmählich. Die Löcher für die Stiftschrauben werden eingegossen. Noch besser ist das Einlegen schmiedeeiserner Kerne, die kühlend wirken und außerdem das Bohren erleichtern, da sich in vorgegossenen Löchern der Bohrer leicht verläuft.

Abb. 120a muß der Konstrukteur die Maße a_1 und a_2 mindestens gleich der erforderlichen Bearbeitungszugabe wählen. Bei Abb. 120b müssen die Maße b_1 und b_2 so groß sein, daß auch bei Gußstücken mit kleinen Maßabweichungen der Vorsprung für den freien Werkzeugauslauf erhalten bleibt. In beiden Fällen wird durch die Zugabe die Querschnittsverteilung verändert. Dies ist besonders an Stellen zu beachten, bei denen ohnehin ein ziemlich plötzlicher Übergang von schwächeren zu stärkeren Querschnitten stattfindet. An solchen Stellen zeichne man beim Entwerfen die Zugabe ein und prüfe den Übergang genau nach[1].

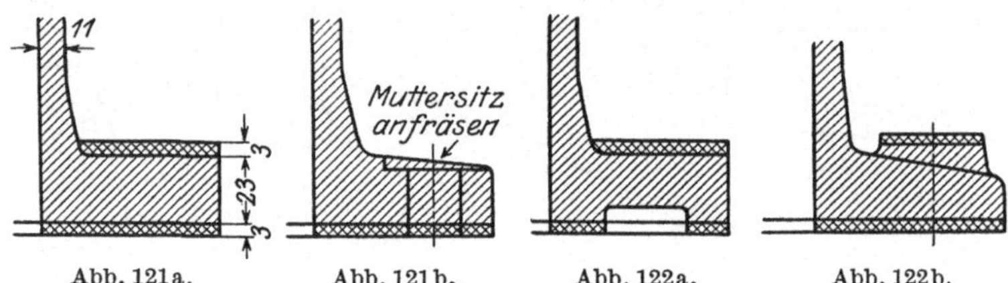

Abb. 121a. Abb. 121b. Abb. 122a. Abb. 122b.

Abb. 121 und 122. Verschiedene Flanschformen. Einfluß der Bearbeitungszugabe auf die Wandstärke des Rohgusses.

Soll z. B. ein Flansch nach Abb. 121a innen und außen gedreht werden, so wächst die Wandstärke durch die Bearbeitungszugabe um fast 25 v. H. (von 23 auf 29 mm), und die Gefahr der Lunkerbildung nimmt entsprechend zu. Günstigere Lösungen zeigen die Abb. 121b u. 122.

Bei Zahnrädern, deren Zähne aus dem Vollen geschnitten sind, beachte man, daß das rohe Gußstück eine beträchtliche Kranzstärke besitzt. Die Stärke der Arme oder der Radscheibe muß daher dem vollen, unbearbeiteten Kranzquerschnitt angepaßt sein.

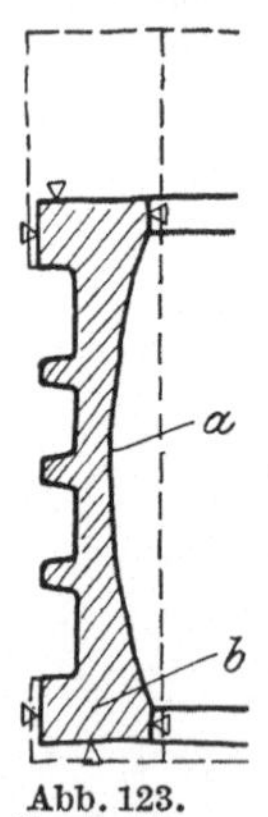

Abb. 123. Ungünstig.

Mitunter müssen Flächen, die der Konstrukteur unbearbeitet lassen wollte, aus gießereitechnischen Gründen bearbeitet werden. Ein hoher Kranz nach Abb. 123, der innen unbearbeitet bleiben soll, läßt sich (namentlich in Stahlformguß) einwandfrei überhaupt nur nach der gestrichelten Form gießen, da der Werkstoff durch die Einschnürung a nicht rasch genug nach b fließen kann und in a früher erstarrt. Der Kranz muß dann innen mit hohen Kosten in der gewünschten Weise ausgedreht werden, falls die Konstruktion nicht anders ausgeführt werden kann. (Andere Lösung: Mit durchlaufender Wandstärke gießen und Rippen ausdrehen.)

6. Arbeitsflächen, die besonders dicht sein sollen, legt der Gießer gern nach unten. Müssen sie oben liegen, so ist ein größerer verlorener Kopf vorzusehen. Flächen, die beim Gießen oben liegen, müssen größere Bearbeitungszugabe erhalten, da sie leicht porig und unsauber werden. Lassen sich Arbeitsflächen (z. B. Bohrungen), die ungünstig liegen und denen der Werkstoff schlecht zufließt, nicht vermeiden, so sehe man vielleicht eine Ausbuchsung vor, damit eine porige Stelle nicht das ganze Stück zum Ausschuß macht.

7. Bei dicken Kränzen, Ringen usf. mit dünnen Armen oder Rippen entstehen starke Zugspannungen im Kranz, die entweder ein Aufreißen des Kranzes oder Zerbrechen der Arme bewirken; bei dünnen Kränzen und dicken Armen entstehen

[1] Bei manchen Firmen werden besondere „Modellzeichnungen" angefertigt, die alle für die Tischlerei erforderlichen Angaben enthalten (vgl. Abb. 241).

gefährliche Zugspannungen in den Armen. Bei Stahlguß treten die Risse (Warmrisse) meist in dem noch glühenden Stück, kurz nach Beginn der Erstarrung auf. Die Festigkeit des Stahles ist in diesem Zustande besonders gering.

Ungleich starke Teile eines Stückes (z. B. starke Wandung und dünne Rippe eines Dieselmotorkolbens) haben wegen der verschiedenen Abkühlung an den starken und schwachen Stellen verschiedenes Gefüge und verschiedenen Spannungszustand. Sie sind daher empfindlich gegenüber den im Betrieb auftretenden Temperaturänderungen, wodurch die Gefahr von Rissen vermehrt wird.

Abb. 124. Falsch. (Gefahr der Kernverlagerung!)

8. Bei langen Hohlkörpern mit kleinen Bohrungen nach Abb. 124 läßt sich der Kern schlecht lagern. Viele Kernstützen verteuern die Ausführung und führen oft zu porigem Guß.

Verlagert sich der Kern, so erhält der Körper ungleiche Wandstärke und verzieht sich oft. Auch kann sich infolge der Querschnittsänderung ein Lunker bilden. Befürchtet der Gießer eine Kernveranlagung um k mm und soll an der schwächsten Stelle noch immer eine Mindestwandstärke s' verbleiben, so ist der Kerndurchmesser für eine Wandstärke $s' + k$ zu bemessen. Ein ungünstig gestützter Kern verleitet also zu „völligem" Guß.

Abhilfe bei Abb. 124: Auf einer Seite (oder besser auf beiden Seiten) große Öffnung mit Deckel vorsehen oder Hohlkörper zweiteilig ausführen. —

9. Kernräume müssen gut entlüftet sein und müssen sich gut putzen lassen. Die Kernlöcher zum Entfernen des Kernes sollen möglichst groß sein. Verschluß durch Schrauben (mindestens $R\ 1\frac{1}{2}''$), verstemmte Scheiben oder besondere Putzdeckel. Wird der Kolben (Abb. 124) stehend, mit dem Ende A nach oben, gegossen, so hindert die nach innen gezogene Bohrung das Abströmen der aus dem Kern aufsteigenden Gase.

10. Der an den Teilfugen und an den Kernlagern sich bildende Grat muß sich leicht entfernen lassen oder soll bei der Bearbeitung weggenommen werden. Ein an unbearbeitet bleibenden Umfangflächen oder schwer zugänglichen Stellen sitzender Grat erhöht die Kosten des Gußputzens beträchtlich.

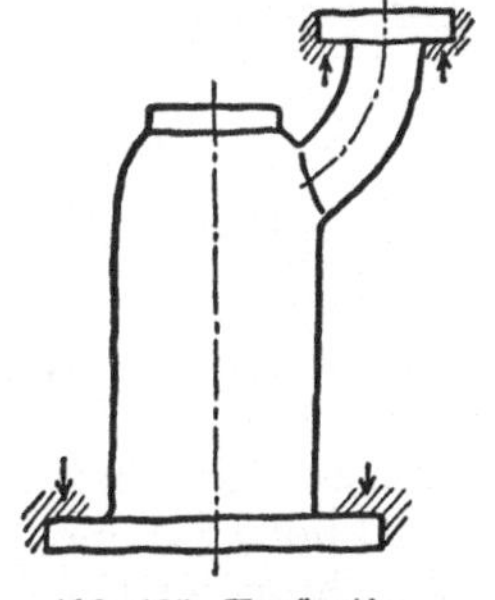
Abb. 125. Ungünstig.

11. Längere Gußstücke, die oben und unten Flansche, Wulste oder Ansätze aufweisen (Abb. 125) und Hohlkörper (Abb. 124) können nicht frei schrumpfen, sondern werden durch den Formsand oder den Kern am Zusammenziehen gehindert. Wird die Form nicht rasch und sachgemäß zerstört („Freistoßen)", so reißen derartige Gußstücke oft noch in der Form. (Beiderseits vorspringende Flanschen vermeiden oder Gußstück teilen.)

b) Stahlguß. Das Schwindmaß bei Stahlguß ist wesentlich höher als bei Grauguß, die Gefahr der Lunker- und Rißbildung daher vermehrt. Auch schwindet Stahl rascher als Gußeisen, so daß das Freistoßen der Stahlgußstücke sehr rasch durchgeführt werden muß.

Lunkerbildung läßt sich bei Stahlguß meist nur durch verlorene Köpfe (Gußtrichter) vermeiden. Sie sind aber nur wirksam, falls an der Anschlußstelle keine Einschnürung des Querschnittes eintritt und falls die zur Lunkerbildung neigende Stelle in der Nähe des verlorenen Kopfes liegt. So kann in Abb. 123 der oben liegende verlorene Kopf eine Lunkerbildung im u n t e r e n Flansch nicht verhindern.

Erhalten bei einem Schwungrad nach Abb. 126 die Aufgüsse nur die Querschnitte t_1 und k_1, so wäre starke Lunkerbildung die Folge. Der Gießer muß, falls die Konstruktion nicht geändert werden kann, die Aufgüsse nach den Strichpunktlinien ausführen. Dadurch wachsen die Kosten für den Guß und für das Wegarbeiten der Aufgüsse. Abb. 127 zeigt die richtige Form. Dabei dürfte man aber die Nabenaussparung nicht nach der gestrichelten Linie ausführen, da sonst die Verstärkung *b* durch den eingeschnürten Querschnitt *a* gespeist werden müßte und wahrscheinlich ein Lunker entstehen würde.

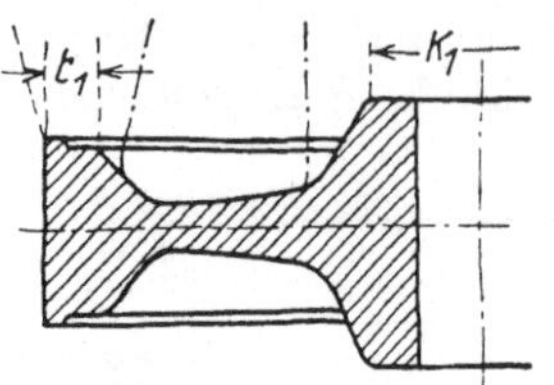

Abb. 126. Schwungrad, Stahlformguß. Falsch.

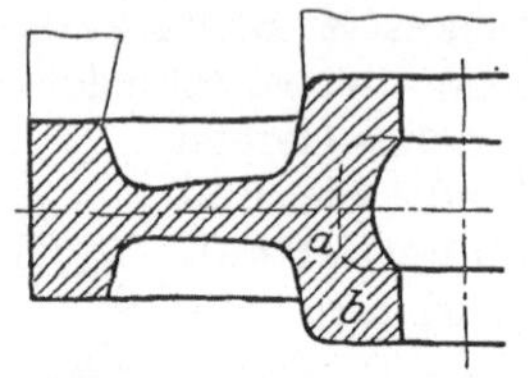

Abb. 127. Richtig. (Nabe nicht nach Strichlinie aussparen!)

Abb. 128 zeigt eine große Kollektorbüchse. Die Wand ist nur 20 mm stark und erstarrt früher als der untenliegende Flansch. Es wird ein Lunker entstehen, der voraussichtlich erst bei der Bearbeitung und nach Aufwendung beträchtlicher Löhne zum Vorschein kommt. Ein einwandfreier Guß wird nur möglich sein, wenn die Wandstärke nach der gestrichelten Linie verstärkt wird. Kann diese Stärke im fertigen Bauteil nicht beibehalten werden, so muß man das Werkstück mit erheblichen Kosten auf die gewünschte geringere Wandstärke abdrehen.

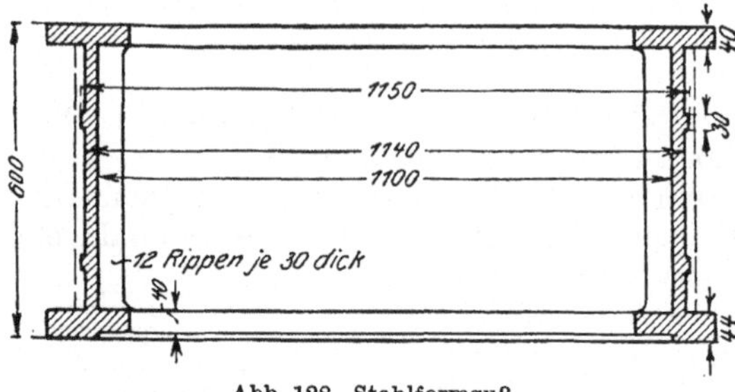

Abb. 128. Stahlformguß.

Aus Abb. 129 und 130 ist die falsche und richtige Form eines Zahnradkranzes zu ersehen.

Oft hemmen die Kerne das Schrumpfen des Abgusses, namentlich starke Kerne von Hohlkörpern, die nicht sofort nach dem Guß zertrümmert werden können. Der bei Gußeisen mit Recht beliebte Hohlguß ist daher bei Stahlformguß möglichst zu vermeiden.

Beachtet der Konstrukteur diese Regeln nicht, so muß der Gießer besondere Kunstgriffe anwenden, um ein halbwegs einwandfreies Gußstück zu erzielen. Hierher gehören: Wahl besonderer Stahlsorten, rasches Abdecken der Form an Stellen, die rasch erkalten sollen, Anschneiden von Rippen, Einlegen von Kühldrähten und Schreckplatten, Ausbauchen von Wänden, die sich voraussichtlich verziehen werden, nach der entgegengesetzten Seite usf. Oft

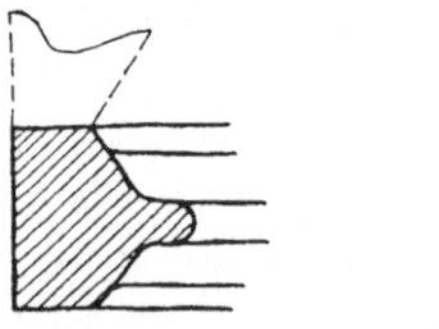

Abb. 129. Falsch. Abb. 130. Richtig.
Abb. 129/130. Zahnradkranz, Stahlformguß.

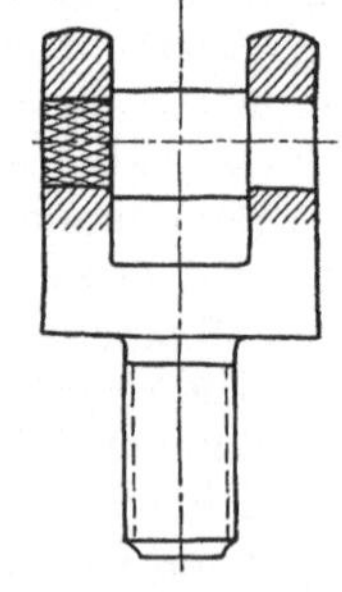

Abb. 131. Spritzguß.

müssen derartig starke Aufgüsse und Zugaben vorgesehen werden, daß das Gewicht des Rohgusses drei- bis viermal höher wird als das Fertiggewicht und die Beseitigung der Angüsse und Zugaben eine weitere Preiserhöhung bedingt.

c) Spritzguß, Preßguß (Fertigguß). Massenteile für Feinmechanik und Gerätebau können nach dem Spritzgußverfahren hergestellt werden, wobei geeignete Metallegierungen oder Kunststoffe unter Druck in Dauerformen gespritzt oder gepreßt werden. Die Flächen werden dabei so glatt und genau, daß eine weitere Bearbeitung meist nicht erforderlich ist. Härtere Stifte, Anschläge, Zapfen aus Rotguß oder Stahl werden eingegossen.

Abb. 131 zeigt ein Führungsstück aus Spritzguß. Der eingegossene Stahlzapfen erhält gekordelte oder angefräste Enden. Das Gewinde wird gegossen und nicht geschnitten, falls die Kosten für die Form und das Ausheben geringer sind als für das Schneiden.

3. Schmieden, Pressen und Schweißen.

a) Schmieden und Pressen von Stahl[1]. 1. Einzelne Schmiedestücke, die ohne Gesenk herzustellen sind, halte man möglichst einfach. Wenn sich der Konstrukteur die Arbeiten vergegenwärtigt, die z. B. zur Herstellung eines längeren Winkelhebels mit langen, beiderseits sitzenden Naben auszuführen sind, wird er vielleicht von den Naben ganz absehen oder die Naben wenigstens nur einseitig anordnen.

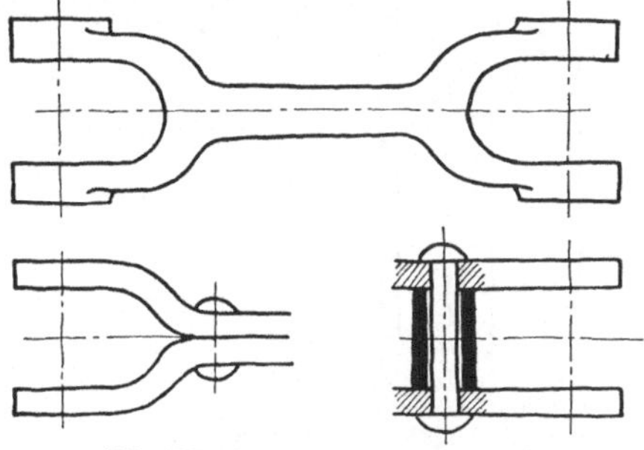

Abb. 132. Teuere und billige Gabelhebel (Einzelherstellung).

Massenherstellung: Gabelköpfe oder Augen nach Abb. 136 im Gesenk schmieden, Stange oder Rohr zwischenschweißen. Auch aus]- oder I-Stahl lassen sich Hebel mit Gabelenden bilden.

Der aus Abb. 132 ersichtliche geschmiedete Gabelhebel ist bei Einzelherstellung sehr teuer. Billiger sind genietete oder geschweißte Hebel.

2. Größere Bunde an geschmiedeten runden Stangen sind zu vermeiden. Sie werden sich meist durch Muttern oder Stellringe ersetzen lassen. Soll eine Stahlstange in Längsrichtung einen großen Druck auf Gußeisen übertragen, so können die erforderlichen Auflagerflächen auch durch einen besonderen Druckring aus Stahl erzielt werden, der sehr genau auf die Stange aufgepaßt wird (Abb. 133). Für noch größere Kräfte kann man warm aufgezogene Bunde anordnen.

3. Längere Schmiedestücke mit vielen Kröpfungen (z. B. Kurbelwellen) ersetzt man oft durch ein mehrteiliges Werkstück („gebaute" Wellen).

4. Bei Massenherstellung kommt das Schmieden im Gesenk in Frage[2] und die Arbeit in Schmiedemaschinen. Auch dafür nehme man möglichst einfache Formen, wobei zu beachten ist, daß auch die Herstellung des Gesenkes einfach,

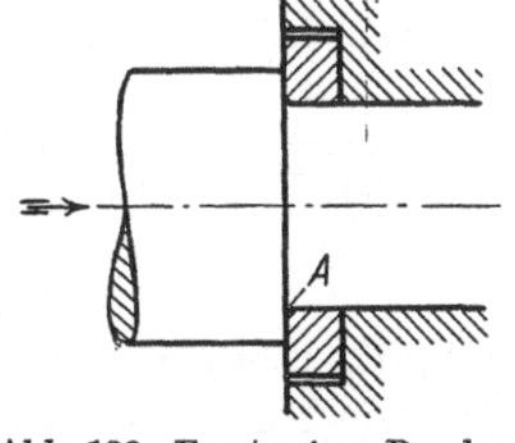

Abb. 133. Ersatz eines Bundes durch Scheibe. Rundung bei A nach Abb. 152.

[1] Für andere, namentlich für neue, dem Konstrukteur noch nicht genügend bekannte Werkstoffe sind die Richtlinien der Fachausschüsse oder die Vorschriften der Lieferwerke zu berücksichtigen. Die Erstkonstruktionen in neuen Werkstoffen erfolgen meist in enger Fühlung mit den Lieferwerken und auf Grund sorgfältiger Vorversuche.

[2] Vgl. Abb. 12, die einen aus Flußstahl gepreßten Ventildeckel darstellt. Bei großer Stückzahl ist (unter Berücksichtigung der Arbeitszeit, der Werkstückfestigkeit und bei werkstoffsparender Formgebung) Gesenkschmieden billiger als Einformen und Gießen!

seine Abnutzung gering, seine Lebensdauer hoch sein soll. Die Querschnittsform soll gesenkfähig sein, d. h. der Werkstoff muß gut fließen und die Gesenkhälften müssen sich gut vom Werkstück lösen (allmählicher Übergang, zweckmäßige Abrundungen, Vermeiden von Abzweigungen und scharfen Ecken). Auch ausspringende Ecken am Werkstück, z. B. an Vierkanten oder Sechskanten, sind gut zu runden, da sie sonst durch Kerbwirkung die Lebensdauer des Gesenkes verkürzen. Ähnlich wie bei Gußstücken (S. 57, Punkt 5) sind auch bei Gesenkstücken die Bearbeitungszugaben so reichlich zu nehmen, daß die Maßabweichungen (durch Verziehen des Preßstückes oder durch Abnutzung des Gesenkes) ausgeglichen werden können. Seitenflächen, die senkrecht zur Teilebene liegen, erhalten je nach dem Werkstoff, eine Neigung von 5 bis 7°; bei hohen Rippen soll (wegen der starken Abkühlung) die Neigung 10 bis 15° betragen. Die Teilfuge ist so zu legen, daß das Abgratgesenk einfach wird und daß sich das Obergesenk bequem gegenüber dem Untergesenk ausrichten läßt. — Die Form von Schmiedeteilen, die im Gesenk hergestellt werden, kann oft erst nach Rücksprache mit dem Schmiedemeister und dem mit dem Entwurf oder der Herstellung des Gesenkes betrauten Fachmann endgültig festgelegt werden (vgl. Abb. 134 u. 216).

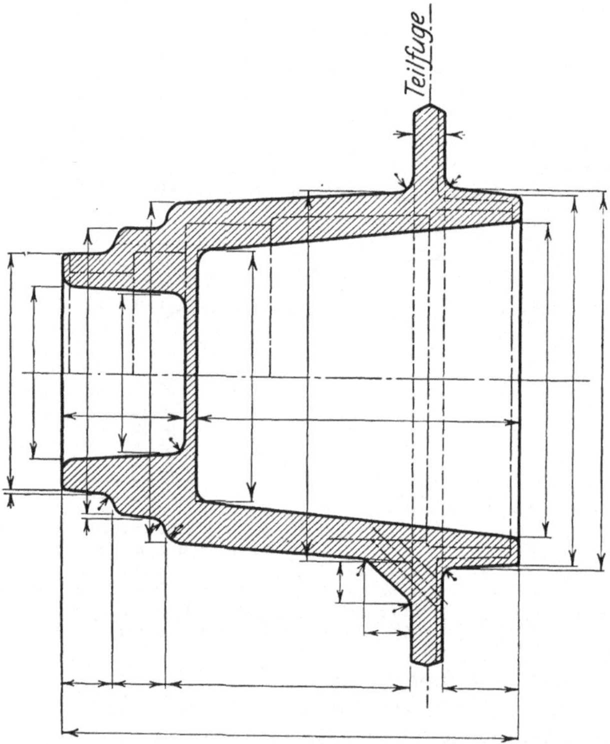

Abb. 134. Rohes Preßstück: Vollinien. Bearbeitetes Werkstück: Strichpunktlinien.

Bei Schmiedemaschinen erfolgt die Formgebung vielfach durch Stauchen, wodurch Rund-, Flach- oder Formstangen mit Köpfen, Bunden, Naben, Augen, Flanschen usf. versehen werden. Es können dabei aus Stangen von d mm Durchmesser Flanschen bis zu einem Durchmesser von $4\,d$ geschmiedet werden, doch kommt die Verwendung von Schmiedemaschinen nur bei sehr hoher Stückzahl in Frage.

b) Preßteile aus Metall. Bei Preßteilen aus Metall sind ähnliche Rücksichten zu üben wie bei Preßteilen aus Stahl. Namentlich muß bei Flächen, die unbearbeitet bleiben sollen, die Neigung, welche zum Ausheben aus dem Gesenk erforderlich ist, berücksichtigt werden.

Für die Massenerzeugung (namentlich in der elektrotechnischen Industrie) werden warmgepreßte Messing- und Leichtmetallteile verwendet. Je nach Stückzahl ist von Fall zu Fall zu überlegen, ob man derartige Preßteile nehmen soll oder ob Drehen von der Stange vorteilhafter ist oder endlich Herstellung durch Spritzguß. Oft werden gezogene oder auf Strangpressen gepreßte Formstangen auf der

Kreissäge oder Schere zerschnitten und die Abschnitte durch Warmpressen in einem oder mehreren Arbeitsgängen auf die gewünschte Endform gebracht.

c) Schweißen. Die verschiedenen Schweißverfahren (Gasschmelzschweißung, Elektro-Schmelzschweißung, elektrische Widerstandschweißung usf.) haben in Verbindung mit dem Brennschneiden auf manchen Herstellungsgebieten eine förmliche Umwälzung hervorgerufen. Anfangs wurde das Schweißen nur als Ersatz für das Nieten verwendet, später hat man schwere Bauteile, z. B. Grundplatten, die bisher gegossen wurden, aus Blech oder Walzstahl geschweißt. (Keine Modellkosten, geringes Gewicht.) Heute werden Rohrleitungen, Kessel, Behälter, Lagerböcke (Abb. 135), Fahrzeugrahmen, Räder, Maschinengestelle usf. geschweißt. Auf Einzelheiten kann hier nicht eingegangen werden[1].

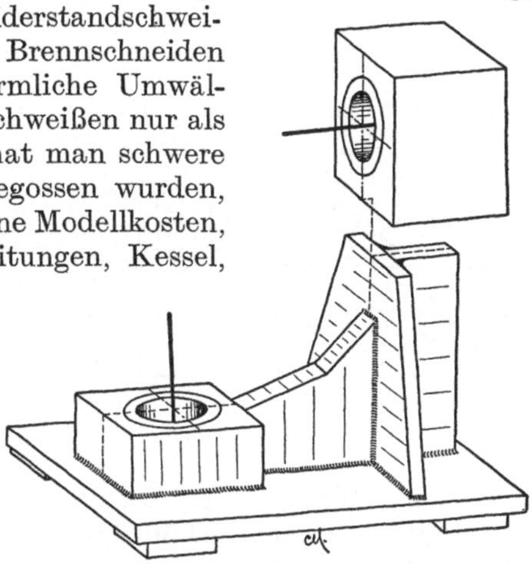

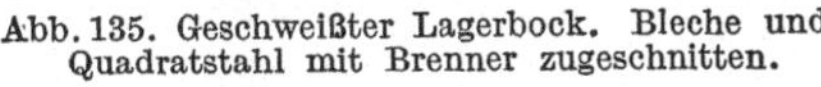

Abb. 135. Geschweißter Lagerbock. Bleche und Quadratstahl mit Brenner zugeschnitten.

Bei hochbeanspruchten Teilen muß der Konstrukteur die Besonderheiten der Verfahren, die auftretenden Wärmespannungen, das Verziehen, die Eigenschaften des Zusatzwerkstoffes usf. berücksichtigen. Er muß auch bedenken, daß die Güte einer Naht von deren Zugänglichkeit und Lage abhängt. (Schweißplan aufstellen, Reihenfolge festlegen, in der geheftet und geschweißt, gekühlt, angewärmt, geglüht usf. werden soll. Schweißvorrichtungen angeben.) Zeichen für die Schweißnähte siehe Tafel II, Seite 19.

d) Der Vollständigkeit halber sei noch hingewiesen auf das Löten und auf das Nieten. Ferner auf Stanzen, Biegen, Ziehen. Kaltspritzen. — Oberflächenbehandlung usf.

4. Bearbeitung und Zusammenbau.

Der Konstrukteur, der ein Werkstück gestaltet und von diesem zunächst nur gedachten Werkstück eine Werkzeichnung anfertigt, oder die „Werkstattreife" prüft, wird in Gedanken Zeichnung und Werkstück durch die verschiedenen Fertigungswerkstätten verfolgen müssen. Einige Gesichtspunkte, die dabei zu beachten sind, werden in den nachstehenden Zeilen hervorgehoben. Es sind nur wenige Beispiele und sie sollen den jungen Konstrukteur anregen, weitere Beispiele in ähnlicher Weise aus der eigenen Erfahrung zu sammeln und durch Skizze und kurze Beschreibung festzuhalten (vgl. Abschnitt 6).

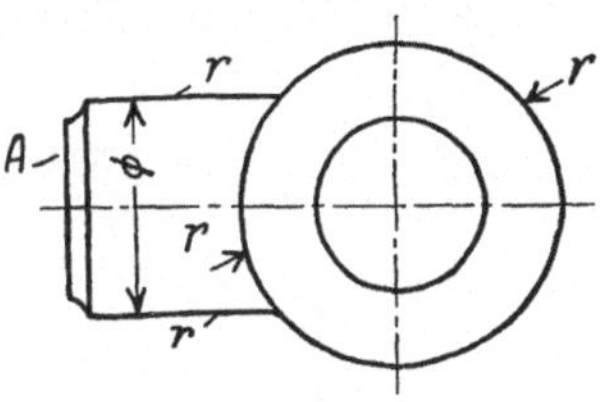

Abb. 136. Stangenauge. Richtig, falls es bei „r" roh bleibt, falsch, wenn es allseitig bearbeitet werden soll.

a) Handarbeit. Flächen, die von Hand bearbeitet werden müssen, sind tunlichst zu vermeiden. Wo Handarbeit erforderlich wird, beschränke man sie auf Bearbeitung schmaler Leisten oder führe sie mit mechanisch angetriebenen Werkzeugen aus.

Das Stangenauge in Abb. 136 (Gußstück oder Gesenkstück) mit dem Zusatz: „allseitig bearbeitet" ist ein Beispiel für eine schlechte, gedankenlose Gestaltung, hingegen ist es völlig einwandfrei, falls es außen nur bei A und an den Augenflächen bearbeitet wird und bei r roh bleibt.

[1] Siehe Volk-Hänchen: Schweißkonstruktionen. Grundlagen der Herstellung, der Berechnung und Gestaltung. Ausgeführte Konstruktionen. Berlin: Springer-Verlag, 1939.

Eine richtige Form für ein allseitig bearbeitetes Gabelstück zeigt Abb. 137 (Maßangaben siehe Abb. 66). Eine derartige Gabel ist aber in Herstellung und Bearbeitung ziemlich teuer.

Die Kurbel, Abb. 138, Form I kann bei *A* nur von Hand fertig bearbeitet werden. Man könnte den Rand zwar auch andrehen, doch ist der Übergang (bei ×) zwischen der Dreh- und Stoßfläche ungünstig[1]. Besser ist Form II. Bei kleineren, im Gesenk geschmiedeten Kurbeln wird die Fläche *F* unbearbeitet bleiben können. Für allseitig gefräste Hebel und kleinere Kurbeln kommt Form III in Frage.

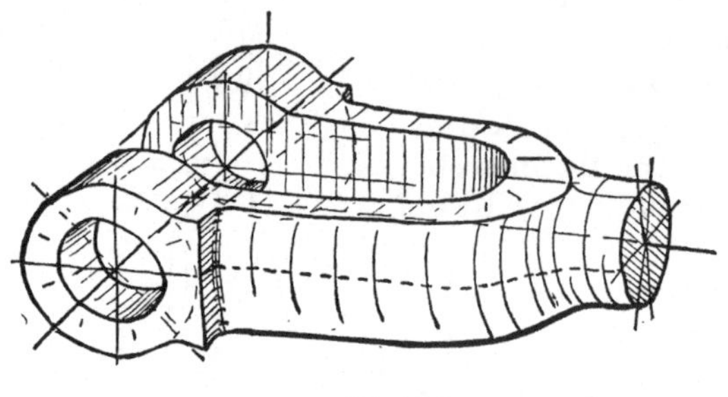

Abb. 137.

b) Arbeitsleisten. Die Höhe *h* der Arbeitsleisten (Abb. 140) sei je nach Größe des Gußstückes 5 bis 15 mm, damit bei Maßabweichungen das Werkzeug bei *a a* nicht die Gußhaut berührt. (Ursachen für Maßabweichungen: Ungenaues Modell, Verziehen oder Werfen des Modelles, ungenaues Einformen, schlecht eingelegte oder schlecht gestützte Kerne, Gußspannungen,

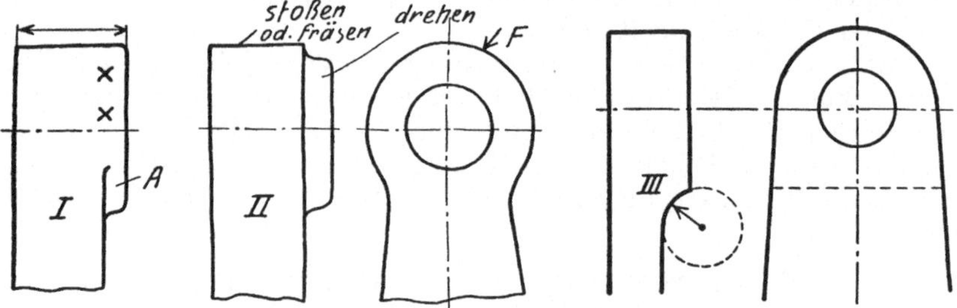

Abb. 138 und 139. Kurbeln. Form I für „allseitig" bearbeitete Kurbeln ungünstig. Form III für gefräste Kurbeln.

die ein Verziehen des Gußstückes bewirken usf.) Gibt der Konstrukteur den Abstand *h* zu klein an, so erhöht der Modelltischler die Bearbeitungszugabe. Dadurch erhöhen sich die Gußgewichte und Bearbeitungskosten. Arbeitsleisten sind so kurz und so schmal als möglich zu machen. Dadurch spart man an Bearbeitungskosten und erleichtert eine beim Zusammenbau vielleicht erforderliche Nacharbeit. Natürlich darf man diesen Grundsatz nicht übertreiben (Abb. 141) und auch nicht gedankenlos anwenden. So wäre es ganz falsch, Arbeitsleisten, die in der Pfeilrichtung gehobelt werden müssen (Abb. 142a), abzusetzen. (Keine Zeitersparnis, ungünstige Beanspruchung des Stahles.) Auch Aussparungen nach Abb. 142b verkürzen beim Hobeln nicht die Bearbeitungszeit, verringern aber das Gewicht und erleichtern den Zusammenbau.

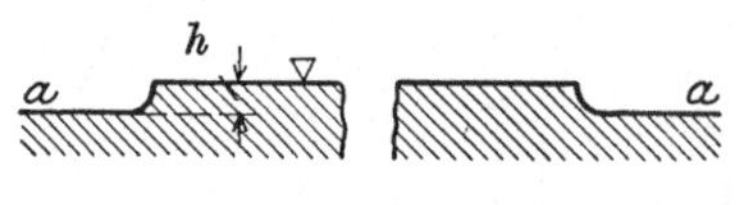

Abb. 140.

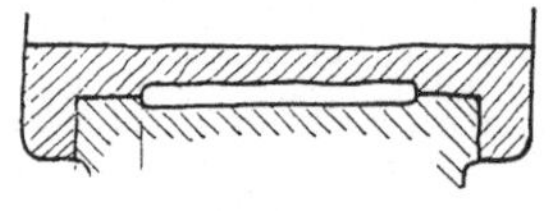

Leisten zu schmal!

Abb. 141. Falsch. Lagerschale nicht genügend gestützt, Berührungsflächen für den Wärmeübergang zu schmal.

[1] Abb. 138 I ist ein Beispiel für die Regel: Zwei Flächen, die mit verschiedenen Werkzeugen oder in verschiedener Aufspannung bearbeitet werden, sollen nicht unmittelbar ineinander übergehen (vgl. Abb. 70b, 234, 235).

Arbeitsleisten, die auf der gleichen Seite eines Werkstückes liegen und benachbarte Flächen, die bearbeitet werden sollen, ordne man womöglich in gleicher Höhe an, damit die Bearbeitung in einer Aufspannung und mit der gleichen Werkzeugeinstellung erfolgen kann (Abb. 143 bis 145).

Falls in Abb. 143 die Mittensicherung bei 3 entbehrt werden kann, lege man alle 3 Flächen in gleiche Höhe und lasse die Rippe zurückspringen, damit sie nicht mit-

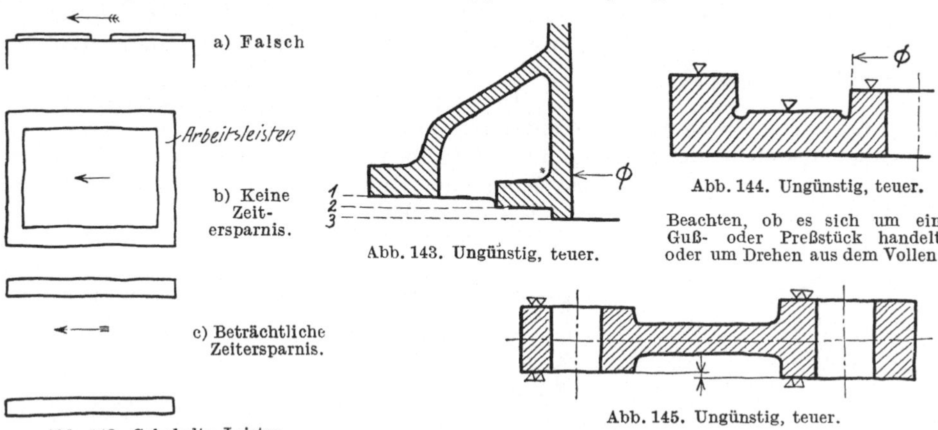

Abb. 142. Gehobelte Leisten.

Abb. 143. Ungünstig, teuer.

Abb. 144. Ungünstig, teuer.

Beachten, ob es sich um ein Guß- oder Preßstück handelt oder um Drehen aus dem Vollen.

Abb. 145. Ungünstig, teuer.

bearbeitet werden muß. Formen nach Abb. 144 u. 145 können richtig sein, falls es sich um Massenherstellung handelt und die Bearbeitung mit einem Sonderwerkzeug erfolgt.

c) Anlageflächen, Mittigkeit. Bei Anlageflächen, Zenterleisten usf. soll keine Überbestimmung eintreten (Abb. 146—149). Sattes Anliegen bei a und b ist weder möglich noch erforderlich.

Bei langen Büchsen usf., die zweimal eingepaßt werden müssen (Abb. 150), halte man die Zenterringe im Durchmesser ungleich groß, damit nicht der Ring R_2 durch

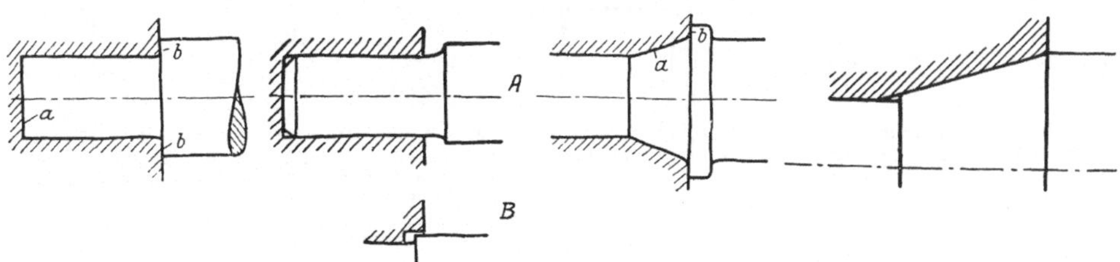

Abb. 146. Falsch.

Abb. 147. Richtig. Ausführung B schöner als A.

Abb. 148. Falsch.

Abb. 149. Richtig, erlaubt auch sicheres Messen des Kegels. Kegel kann geschliffen werden.

die Bohrung B_1 hindurchgepreßt werden muß. Der Zusammenbau wird sehr erleichtert, wenn $L_2 > L_1$, also $h_2 > h_1$ ist, damit nicht beide Ringe gleichzeitig anschnäbeln, sondern zuerst R_2, dann R_1.

Gezenterte Teile müssen in den Ecken Luft haben. Die einspringende Ecke wird meist abgerundet (mitunter auch ausgespart), die Kante abgeschrägt. (Für $\varnothing = 100$ sei $a = 2$ mm, $r \geqq 2$ mm,

Abb. 150.

Abb. 151b, oder $r = 2$ mm, $r_1 = 3$ mm, Abb. 152.) Für Teile, die nicht auf Schwingung beansprucht sind, kann man die billigere Ausführung mit scharfer Eindrehung nach Abb. 153 wählen, die außerdem am Bund eine größere Auflagefläche darbietet. Bei sehr ungünstig beanspruchten Bolzen aus hartem Stahl wird der Übergang vom Schaft zum Kopf oft nach Abb. 154 ausgeführt, um die Kerbwirkung zu verringern. (Vgl. auch den Kuppelstangenbolzen Abb. 155.)

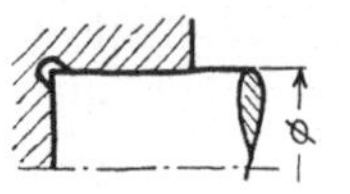

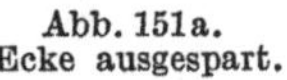

Abb. 151a. Ecke ausgespart.

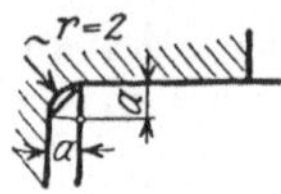

Abb. 151b. Kante gebrochen, Ecke abgerundet.

Eingeschraubte Teile, die genau mittig sein sollen, müssen mit besonderem Zentersitz versehen werden. Das Gewinde allein gibt keine ausreichende Mittensicherung (Abb. 156). (Im Austauschbau ist die zulässige Abweichung vom Kreiszylinder, die „Rundheit" und der zulässige Quer- oder Längsschlag vorzuschreiben. Vgl. Abb. 95.)

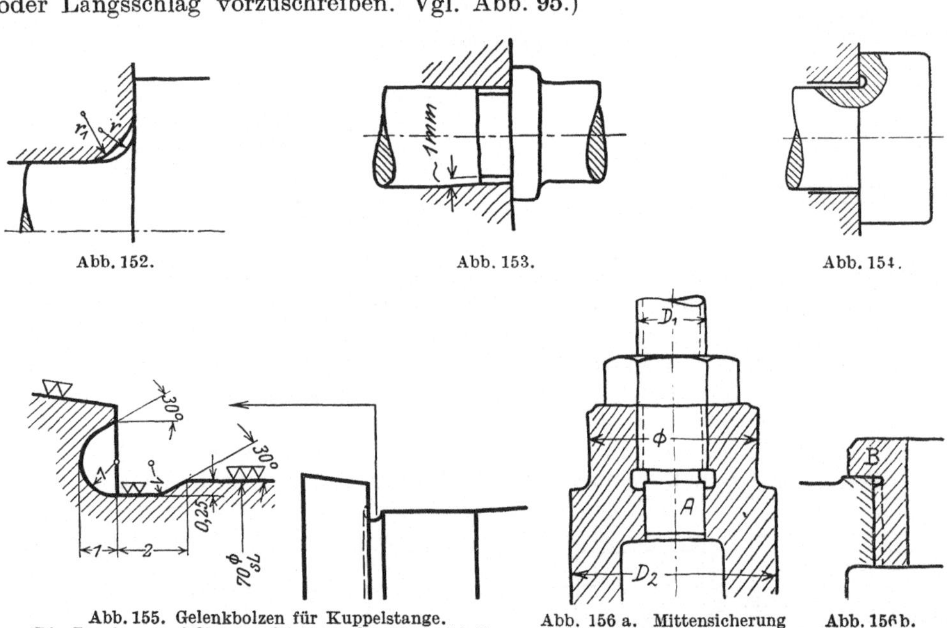

Abb. 152.

Abb. 153.

Abb. 154.

Abb. 155. Gelenkbolzen für Kuppelstange. (Die Zugabe von 0,25 mm erleichtert das Nachschleifen bei Abnutzung.)

Abb. 156a. Mittensicherung durch zylindrischen Ansatz A. (Zapfen A soll mit Zylinder D_2 fluchten. Zulässige Mittenabweichung nach Abb. 95 vorschreiben!)

Abb. 156b. Lagensicherung durch Bund B.

Kann keine zylindrische Mittensicherung angeordnet werden, so sichert man die gegenseitige Lage zweier Teile durch Leisten oder besser durch zylindrische oder keglige Paßstifte, die immer dann anzuwenden sind, wenn die genaue Einstellung erst beim Zusammenbau erfolgt. Da die Löcher für die Paßstifte erst beim Zusammenbau gebohrt und aufgerieben werden, ist auf ihre Zugänglichkeit besonders zu achten. Meist werden zwei Paßstifte angeordnet, deren Abstand möglichst groß zu wählen ist. Die Kegelstifte müssen sich auch l ö s e n (zurückschlagen) lassen, andernfalls sind Zylinderstifte zu nehmen oder Kegelstifte mit Gewindezapfen und Abdrückmutter.

d) Aufspannen. Das Aufspannen soll auf einfachste Weise, also rasch, und genau möglich sein. Namentlich größere Stücke sollen nicht oft umgespannt werden.

Bei sehr großen Werkstücken beachte man die größten Drehdurchmesser der vorhandenen Drehwerke, die größten Hobelbreiten, die größten Dreh- und Schleiflängen usf.

Bei dünnwandigen Teilen (Leichtformbau) beachte man die Gefahr des Verspannens. Man ordne Rippen an oder besondere Spannleisten, die später entfernt werden.

Vorstehende Naben, Zapfen, Rippen usf. sollen das Aufspannen (namentlich auf Hobel- und Frästischen und auf Waagrechtdrehwerken) nicht erschweren.

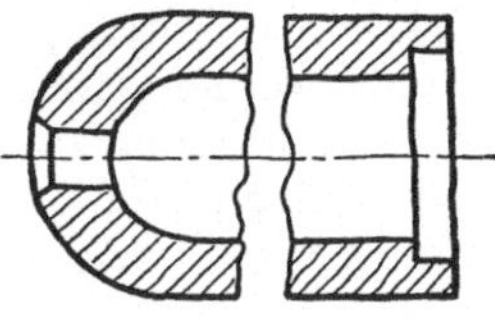

Abb. 157. Falsch.

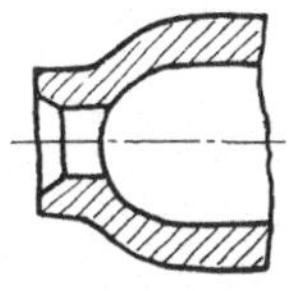

Abb. 158. Für kleine Tauchkolben ausreichend.

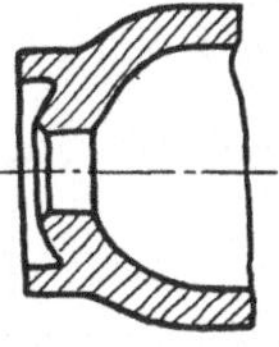

Abb. 159. Für größere, lange Kolben.

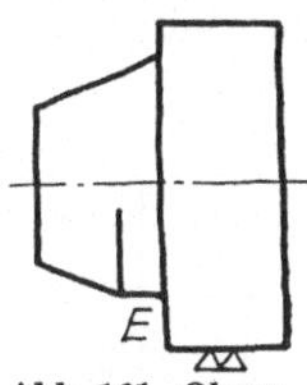

Abb. 161. Obere Hälfte: falsch. Untere Hälfte: richtig

Bei langen Drehkörpern sorge man an beiden Enden für Spannflächen (Abb. 157 bis 159). Wird der Körper außen nicht über die ganze Länge gedreht (z. B. Preßzylinder), sind außen Bunde zur Führung im Setzstock vorzusehen.

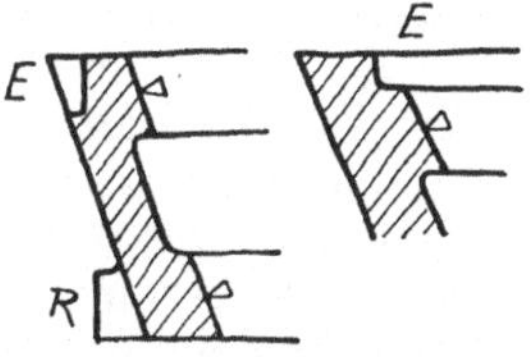

Abb. 160. Spannflächen bei konischen Teilen.

Stark keglige Teile sind schwer zu spannen. Man sehe einen Spannring R vor oder einen zylindrischen Absatz E (Abb. 160 u. 161).

e) Rundungen. Rundungen an Wellen, Bolzen usf. und Ausrundungen in Bohrungen mache man nach den vorgeschriebenen Normen[1] unter Verwendung der vorhandenen Schablonen und Formstähle. Bei größeren Rundungen, die nach Schablonen oder mit Formstahl oder mit Formdreheinrichtungen hergestellt werden oder die gefräst werden sollen, beschränke man sich gleichfalls auf wenige, bestimmte Halbmesser.

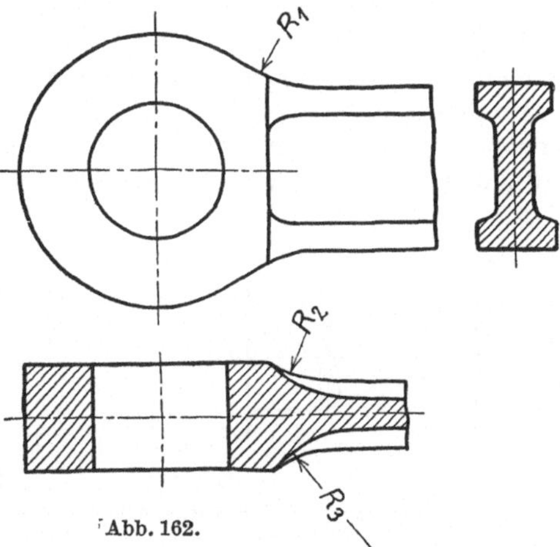

Abb. 162.

Bei dem Stangenkopf, Abb. 162, wird ein gedankenloser Zeichner vielleicht die Maße $R_1 = 60$, $R_2 = 80$ und $R_3 = 100$ einschreiben, während ein an die Herstellung denkender Konstrukteur $R_1 = R_2 = R_3$ wählen wird. Er kann dann für R_1 und R_2 den gleichen Fräser und für alle 3 Rundungen beim Vorschmieden oder beim Gesenkbau die gleichen Schablonen verwenden. Die gleichen Halb-

[1] Nach DIN 250 sind vorzugsweise die folgenden Rundungshalbmesser der Reihe 1 zu verwenden: $r = 0{,}2$—$0{,}4$—$0{,}6$—1—$1{,}5$—$2{,}5$—4—6—10; dann um je 5 und von 30 ab um je 10 mm steigend. Kleine Rundungen sind namentlich bei aufeinanderfolgenden Wellenabsätzen erwünscht, um geringe Durchmesserzunahme zu ermöglichen. Doch sind härtere Stahlsorten bei Schwingungsbeanspruchung gegen kleine Rundungen empfindlich (Kerbempfindlichkeit). Zur Verringerung der Kerbwirkung sind die Rundungen an Wellen, Bolzen usf. sauber zu drehen und zu polieren (vgl. Abb. 100). Für Sonderzwecke erfolgt der Übergang von einem großen zu einem kleinen Wellendurchmesser statt nach einem Viertelkreis durch eine Viertelellipse oder nach einer Parabel.

messer wird man auch noch für den nächst größeren und nächst kleineren Kopf beibehalten können.

Hochwertige Stähle von größerer Festigkeit und geringerer Dehnung sind gegen scharfe Eindrehungen besonders empfindlich (vgl. Abb. 154 u. 155). Sehr ungünstig wirkt bei Abb. 163 die an der Übergangsstelle sitzende Bohrung für die Kopfsicherung. Bei hochbeanspruchten Teilen sind übrigens nicht nur scharf einspringende, sondern auch scharf ausspringende Kanten zu vermeiden. So müssen bei den Schwalbenschwanzfüßen der Dampfturbinenschaufeln, die minutlich bis zu 3000mal von 0 bis zur Höchstlast beansprucht werden, auch die Außenkanten gut abgerundet werden. Hochbelastete Zahnräder sind am Zahnfuß und an den Stirnkanten gut zu runden. Sehr sorgfältig und nach geeigneten Kurven sind die Übergänge von der Kurbelwelle zum Kurbelarm durchzubilden. Manche Brüche sind auf zu kleine Rundungen zurückzuführen. (Keglige Übergänge sind möglichst zu vermeiden. Müssen sie ausgeführt werden, so wähle man Form *A*, nicht Form *B*, da die Hohlkehle *h* das Drehen und Messen des Kegels erschwert und verteuert. Vgl. Abb. 166).

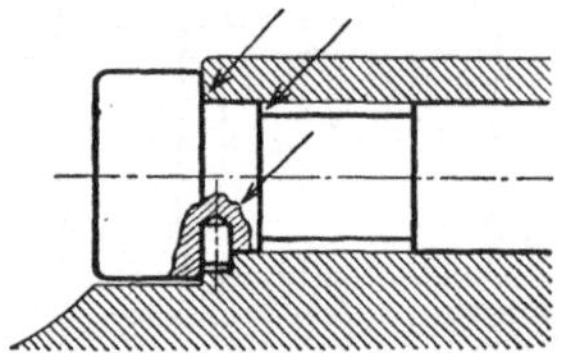

Abb. 163. Falsch.

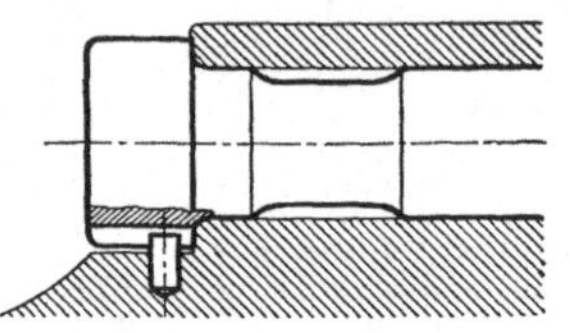

Abb. 164. Richtig.

Abb. 163/164. Schraube für einen Marinekopf. (Scharfe Eindrehungen und Einkerbungen vermeiden!)

Bei gefrästen Aus- und Abrundungen (Abb. 167) vermeide man Flächen, die senkrecht zur Fräserachse stehen, weil zur Bearbeitung derartiger Flächen geteilte, seitlich hinterdrehte Fräser erforderlich sind (hoher Preis, teuere Instandhaltung).

f) Zusammenbauen oder Zusammengießen? Man gieße an große Stücke keine kleinen Teile an, die bearbeitet werden müssen, sondern teile derartige Werkstücke, wodurch oft auch das Ausrichten und der Zusammenbau erleichtert wird. Das Zusammengießen kann aber Vorteile bieten, falls Sondereinrichtungen (z. B. ortsbewegliche Bohrmaschinen) bestehen oder geschaffen werden sollen, die an die verwickelten Gußstücke herangebracht werden können und gleichzeitig mit den großen Bearbeitungsmaschinen in Betrieb sind. Man beachte, daß es im allgemeinen das Bestreben des Konstrukteurs sein muß, eine Maschine oder einen Apparat oder eine Baugruppe aus möglichst wenig Teilen aufzubauen, um so den Zusammenbau und die Lagerhaltung zu vereinfachen und zu verbilligen. (Namentlich in der Massenherstellung kann eine Beschränkung auf weniger Teile trotz höherer Auslagen für die Bearbeitung zu wesentlichen Ersparnissen führen. Oft werden getrennt hergestellte Teile durch Löten oder Schweißen miteinander zu Teilegruppen verbunden.)

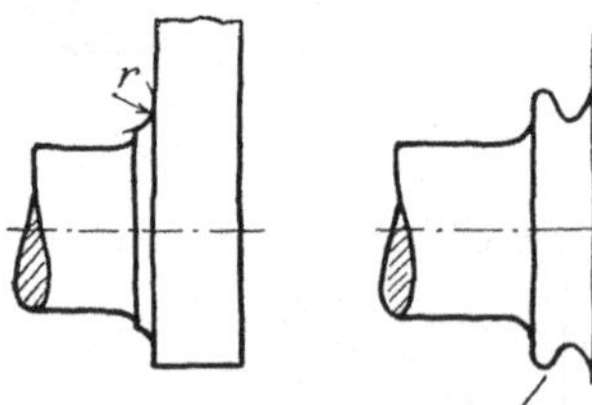

Abb. 165. Übergänge von der Kurbelwelle zum Kurbelarm.

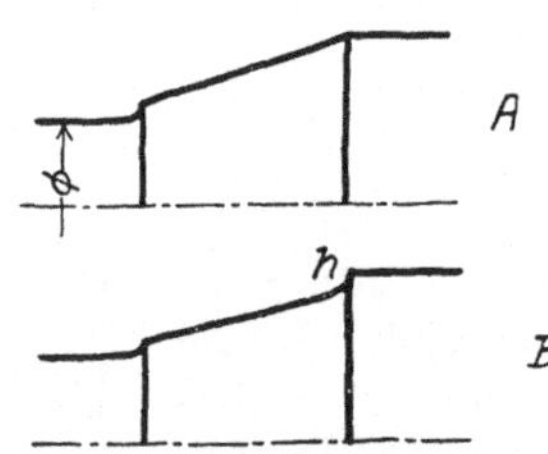

Abb. 166. Keglige Übergänge. Form *A* billig. Form *B* teuer.

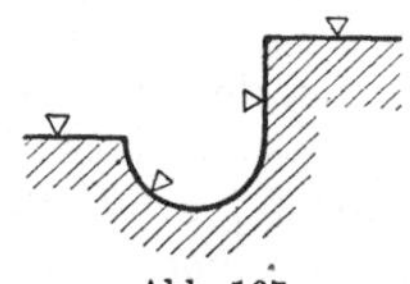

Abb. 167. (Für Fräsen ungünstig!)

g) Gezogener Werkstoff. Sehr viele Einzelteile (Bolzen, Buchsen, Flanschen,

Beilagen, Ringe, Rollen usf.) lassen sich aus gezogenem Werkstoff (rund, rechteckig, sechskant) auf Automaten herstellen. In vielen Fällen kann der größte Durchmesser des Werkstückes dem größten Durchmesser der Stange entsprechen. Der betreffende Durchmesser bleibt dann unbearbeitet. Den Unterschied zwischen dem größten und kleinsten Durchmesser des Werkstückes halte man möglichst klein, man

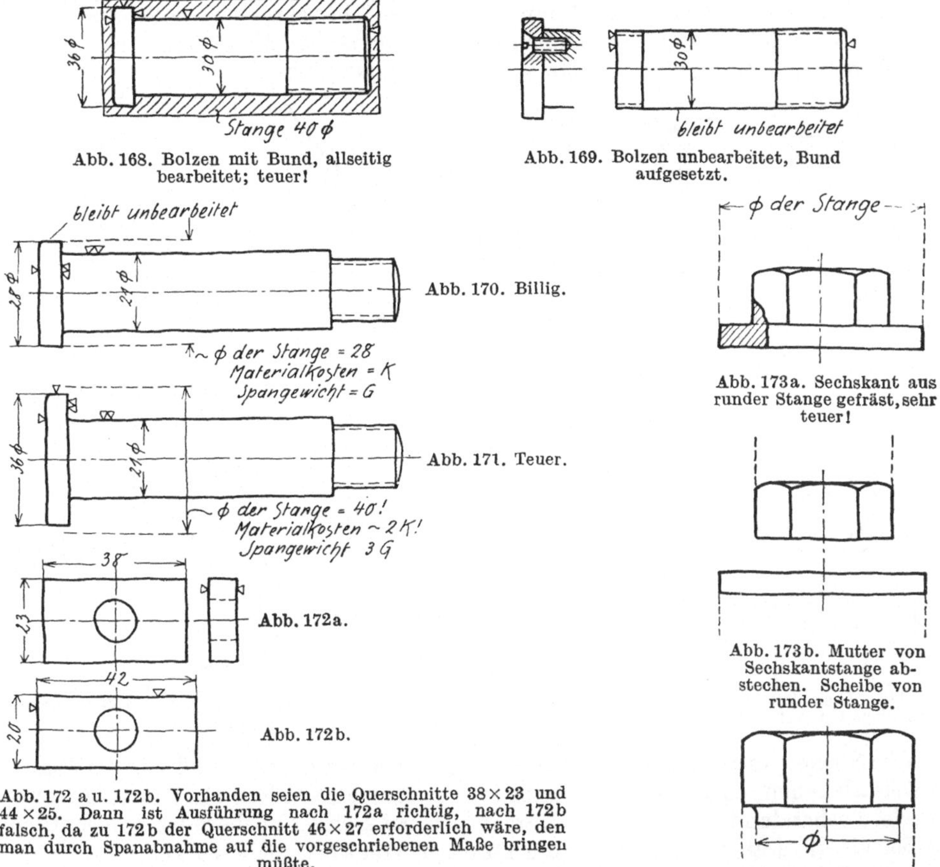

Abb. 168. Bolzen mit Bund, allseitig bearbeitet; teuer!

Abb. 169. Bolzen unbearbeitet, Bund aufgesetzt.

Abb. 170. Billig.

Abb. 171. Teuer.

Abb. 172a.

Abb. 172b.

Abb. 172 a u. 172b. Vorhanden seien die Querschnitte 38×23 und 44×25. Dann ist Ausführung nach 172a richtig, nach 172b falsch, da zu 172b der Querschnitt 46×27 erforderlich wäre, den man durch Spanabnahme auf die vorgeschriebenen Maße bringen müßte.

Abb. 173a. Sechskant aus runder Stange gefräst, sehr teuer!

Abb. 173b. Mutter von Sechskantstange abstechen. Scheibe von runder Stange.

Abb. 173c. Mutter von Sechskantstange abstechen, Bund andrehen. (Billiger als 173a, aber Sitzfläche verringert).

spart dadurch an Werkstoff und an Bearbeitungskosten. In vielen Fällen kann man Bunde aufsetzen, aufpressen, warm aufziehen oder aufschrauben oder den Bund durch eine Mutter oder durch Scheibe und Splint ersetzen (Abb. 168—172).

Besonders teuer sind Bunde an Sechskanten, Abb. 173a. Sie lassen sich in den meisten Fällen durch Unterlagscheiben ersetzen. Oder man wähle das Sechskant etwas größer und drehe unten einen Bund an, Abb. 173c. (Das gilt auch für große Rotgußmuttern, die gegossen und allseitig bearbeitet werden. Hingegen können warmgepreßte Sechskantmuttern, deren Sechskant unbearbeitet bleibt, mit Bund versehen werden.)

h) Löcher, Ausnehmungen, Durchbrüche. Die Lochdurchmesser an ein und demselben Werkstück sind so zu wählen, daß möglichst viele Löcher mit dem gleichen Bohrer gebohrt werden können.

Lange und weite Löcher in Gußstücken, die auf dem Bohrwerk nachgebohrt werden müssen, sind mit Rücksprung zu versehen (Abb. 175). Soll aber in das Loch eine Büchse genau eingepaßt werden und muß das Loch mit der Reibahle nachgerieben werden, ist Abb. 174 vorzuziehen, da bei Abb. 175 die Reibahle schlecht geführt wird. Eingegossene Löcher[1], die nicht nachgebohrt werden sollen, müssen im Durchmesser wesentlich größer gehalten werden als die Schraubenbolzen (siehe DIN 69). Man muß dann „eingießen" beischreiben. Sollen die Maße schon im Guß möglichst genau eingehalten werden, so ist „Maße einhalten" beizuschreiben, wodurch freilich die Herstellung verteuert wird.

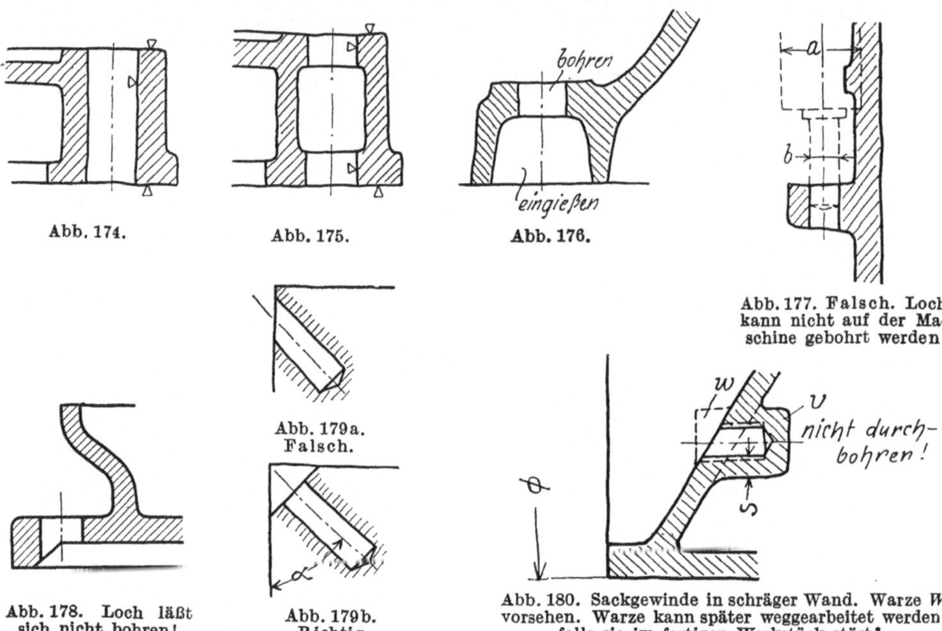

Abb. 174. Abb. 175. Abb. 176.

Abb. 177. Falsch. Loch kann nicht auf der Maschine gebohrt werden

Abb. 179a. Falsch.

Abb. 178. Loch läßt sich nicht bohren!

Abb. 179b. Richtig.

Abb. 180. Sackgewinde in schräger Wand. Warze *W* vorsehen. Warze kann später weggearbeitet werden, falls sie im fertigen Werkstück stört[2].

Ein Nocken an einer höheren Wand, der gebohrt werden soll, muß von der Wand so weit abstehen, daß nicht nur Raum für die Mutter, sondern auch für die Bohrspindel vorhanden ist (Abb. 177). Namentlich bei kleinen Löchern ist a wesentlich größer als b! Das Loch in Abb. 178 läßt sich von oben nicht bohren, von unten stört die Schrägfläche. Daher Loch eingießen oder Schrägfläche ändern. Löcher nach Abb. 179a lassen sich nur mit Vorrichtung und Bohrbüchse bohren (vgl. Abb. 242). Entweder Abschrägung nach Abb. 179b oder Warze nach Abb. 180 vorsehen oder Loch zuerst ansenken (Abb. 181). Winkel α wähle man 30°, 45° oder 75°, damit vorhandene Spannwinkel benutzt werden können.

Auch an der Austrittstelle soll die Wand senkrecht zur Bohrerachse stehen, damit der Bohrer sich nicht verläuft oder bricht.

[1] Unter 25 mm Durchmesser ordne man bei Gußeisen im allgemeinen Maschinenbau keine eingegossenen Löcher an, über 50 mm werden sie meist vorgegossen. Zwischen 25 und 50 mm Entscheidung von Fall zu Fall. Oft wählt man vorgegossene Löcher, um Gußanhäufung und porigen Guß zu vermeiden. Auch Löcher, die sich schwer bohren lassen, kann man eingießen.

[2] Die Warze *W* sitzt am Modell, die Verstärkung *V* ist im Kern ausgespart. Damit bei Kernversetzung eine genügende Stärke s verbleibt, ist der Durchmesser von *V* sehr reichlich zu bemessen oder *V* auf eine Rippe zu setzen. Auch kann man vorschreiben, daß der Vorzeichner nicht nach Mitte *W*, sondern nach Mitte *V* ankörnt. Andere Lösung: Verstärkung *V* durch einen rundherum laufenden Ring ersetzen.

Hintereinander liegende Bohrungen, deren Durchmesser zunimmt (Abb. 182), sind von A aus schwer zu bearbeiten. Nur auf der Drehbank, mit langem Stahl. Man sehe Öffnung (mit Deckel) bei B vor, dann ist auch die Bearbeitung auf der Bohrmaschine möglich. Auch kann die Durchmesserverringerung von d_2 auf d_1 in manchen Fällen durch eine Büchse herbeigeführt oder ganz vermieden werden. Man vgl. auch die Abb. 183—186.

Bohren aus dem Vollen: siehe Abb. 39.

Löcher für Stiftschrauben sollen durchgebohrt werden. Ausführung nach Abb. 188 ist falsch. Man beachte, daß gewöhnliche Stiftschrauben nicht dicht halten. Befindet sich z. B. im Gehäuse G, Abb. 189, Wasser oder Dampf von höherer Spannung, so ist ausdrücklich „dicht einsetzen" vorzuschreiben. Man muß dann Stiftschrauben mit stärkerem Schaft oder mit Sondergewinde oder mit Senkbund

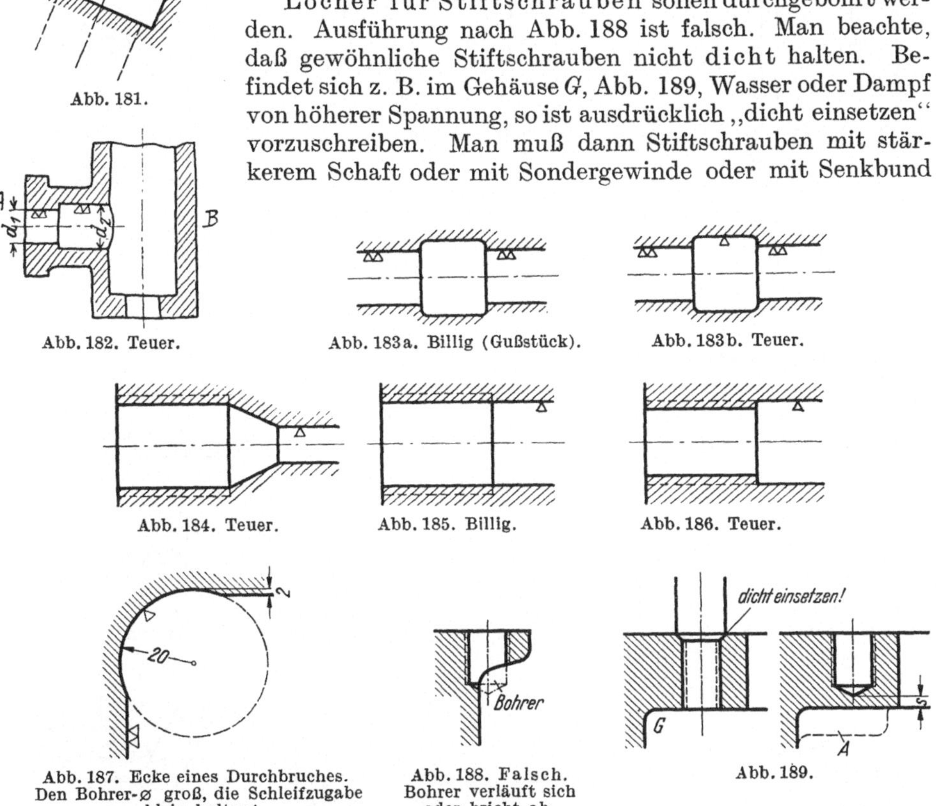

Abb. 181.

Abb. 182. Teuer.

Abb. 183a. Billig (Gußstück).

Abb. 183b. Teuer.

Abb. 184. Teuer.

Abb. 185. Billig.

Abb. 186. Teuer.

Abb. 187. Ecke eines Durchbruches. Den Bohrer-ø groß, die Schleifzugabe klein halten!

Abb. 188. Falsch. Bohrer verläuft sich oder bricht ab.

Abb. 189.

nehmen. Sollen die Gewindelöcher nicht durchgebohrt werden, so ist der Abstand s reichlich zu halten. Wenige Millimeter genügen nicht, da man mit Kernversetzungen, Gußfehlern, blasigem Guß oder zu tiefem Vorbohren (genormte Bohrlochtiefen beachten!) rechnen muß. Verstärkungen nach A sind nicht zu empfehlen, es besteht die Gefahr, daß sie beim Abguß an die falsche Stelle kommen. Gewindeschneiden in Sacklöchern ist außerdem teuer und erfordert besondere Gewindebohrer (Grundbohrer) und mehrmaligen Werkzeugwechsel.

Durchbrüche. Bei dünnem Blech: stanzen. Bei stärkerem Blech, bei Schnittplatten aus Stahl usf.: Ecken vorbohren, auf Säge- und Feilmaschinen fertig bearbeiten. Bei starkem Blech, Schmiedeteilen: Trennen mit Schneidbrenner oder Ecken vorbohren, dann ausstoßen, fertigfräsen oder fertigschleifen (Abb. 187). Durchbrüche mit quadratischem oder elliptischem Querschnitt, Naben für Keilwellen usf. werden vorgebohrt und mit Räumwerkzeugen fertig bearbeitet.

i) Platz für die Werkzeuge. Arbeitsflächen müssen so weit von Wänden oder

Rippen abstehen, daß Platz für die Werkzeuge vorhanden ist. Für den Auslauf des Werkzeuges ist genügend Raum zu lassen (Abb. 190—199). Soll eine Platte (Abb. 193) in der Richtung des Pfeiles gehobelt, geschliffen oder gefräst werden, so muß a entsprechend groß gewählt werden. Auch bei Flächen, die nach Abb. 197 b geschliffen werden sollen, muß der Auslauf der Schleifscheibe berücksichtigt werden.

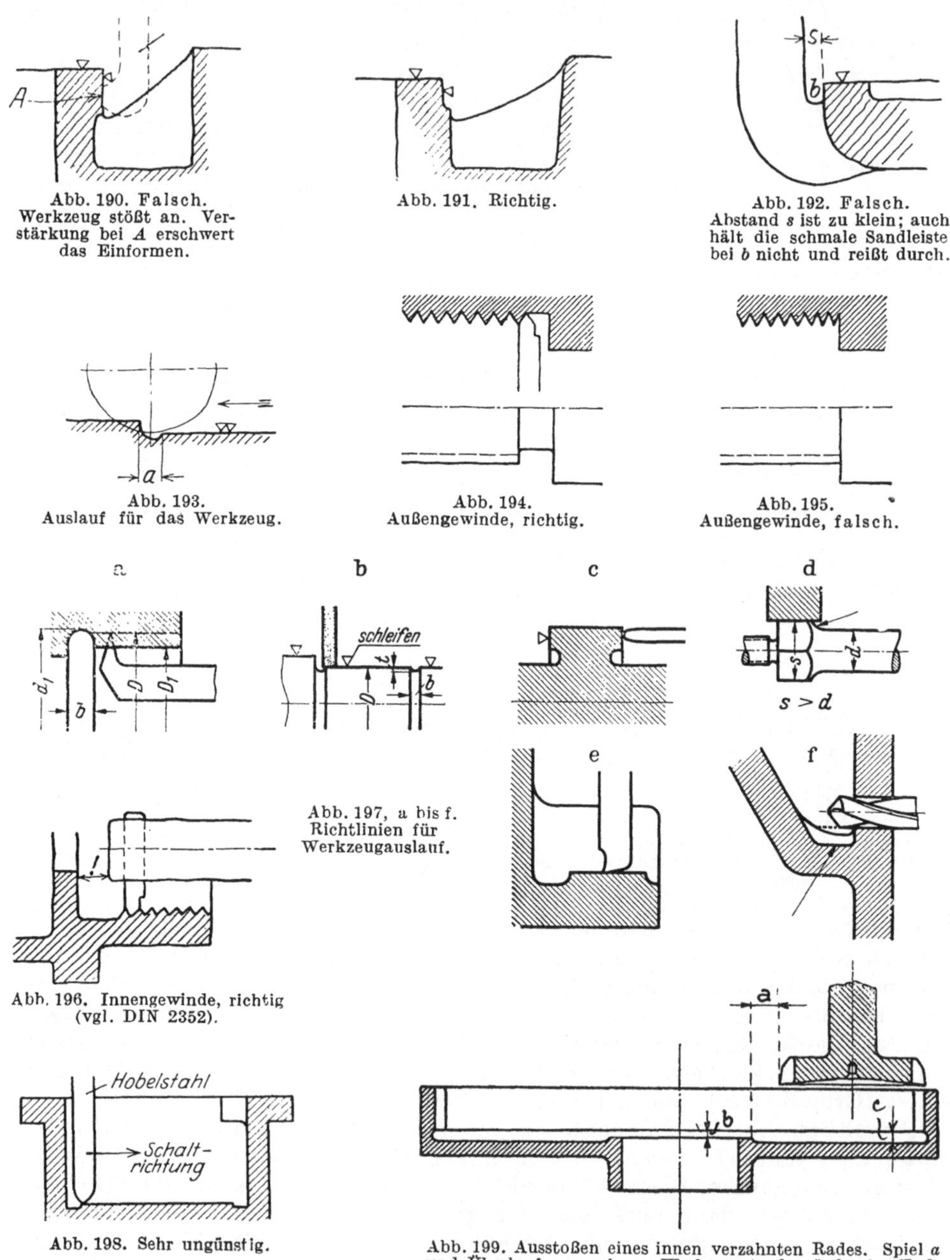

Abb. 190. Falsch. Werkzeug stößt an. Verstärkung bei A erschwert das Einformen.

Abb. 191. Richtig.

Abb. 192. Falsch. Abstand s ist zu klein; auch hält die schmale Sandleiste bei b nicht und reißt durch.

Abb. 193. Auslauf für das Werkzeug.

Abb. 194. Außengewinde, richtig.

Abb. 195. Außengewinde, falsch.

Abb. 197, a bis f. Richtlinien für Werkzeugauslauf.

Abb. 196. Innengewinde, richtig (vgl. DIN 2352).

Abb. 198. Sehr ungünstig.

Abb. 199. Ausstoßen eines innen verzahnten Rades. Spiel a und Überlauf c vorsehen. Werkzeug in den äußersten Endstellungen einzeichnen! Das erforderliche Mindestmaß muß auch bei Beginn des Anschnittes vorhanden sein!

Bei Gewinde, das auf der Drehbank geschnitten wird, ist freier Auslauf für den Stahl vorzusehen (Abb. 194—196). (Namentlich bei Innengewinde und Sacklöchern, bei denen eine Bohrstange verwendet werden soll, zu beachten!)

Schrauben, die mit dem Schneideisen geschnitten sind, haben „Anschnitt“ und verlangen in bestimmten Fällen Aussenkung des Loches.

Arbeitsflächen, die nur mit sehr lang eingespannten Werkzeugen bearbeitet werden können, sind zu vermeiden. Sehr störend ist in Abb. 198 der innere Vorsprung (rechts oben), der zum Auswechseln des Stahles zwingt.

Bei innen verzahnten Zahnrädern, die mit Stoßrädern bearbeitet werden, ist ein Spielraum a vorzusehen. Der freie Auslauf bei c soll 3—4 mm betragen (Abb. 199), wobei auf Übergangsrundungen zu achten ist.

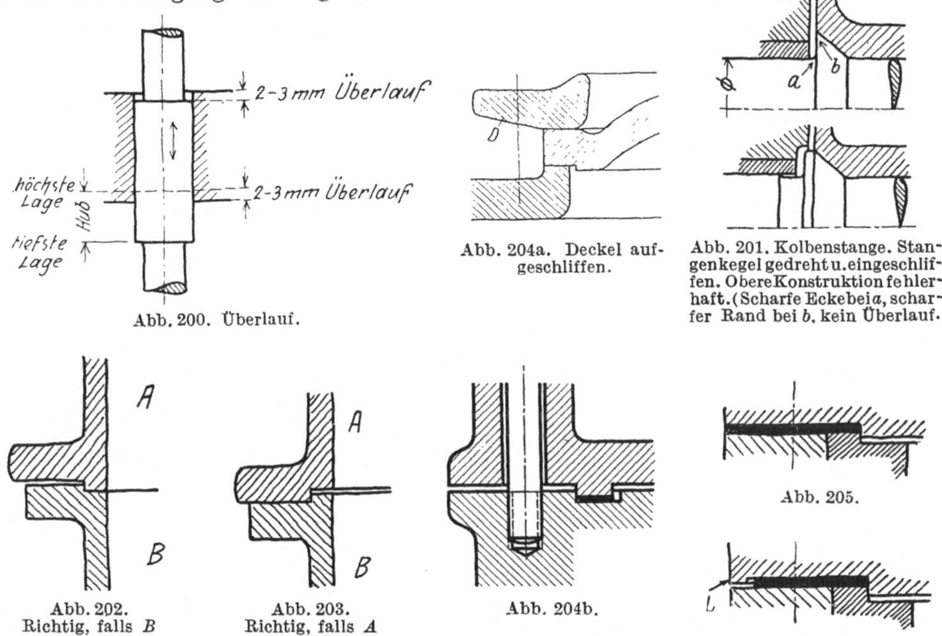

Abb. 200. Überlauf.

Abb. 204a. Deckel aufgeschliffen.

Abb. 201. Kolbenstange. Stangenkegel gedreht u. eingeschliffen. Obere Konstruktion fehlerhaft. (Scharfe Ecke bei a, scharfer Rand bei b, kein Überlauf.

Abb. 202. Richtig, falls B heißer wird als A.

Abb. 203. Richtig, falls A heißer wird als B.

Abb. 204b.

Abb. 205.

Abb. 206.

k) Verschiedenes. Bei Führungen sind Überschleifkanten vorzusehen (Abb. 200 u. 201). — Überlauf ist anzuordnen bei Kolben, Schiebern, Stangen und Spindeln, die durch Buchsen laufen, Kreuzköpfen, Ventilen mit Führungsrippen usf.

Hin- und hergehende Teile (Kolben, Ventile usf.) und schwingende Teile (Schubstangen usf.) sind in beiden Endlagen zu zeichnen. Man überzeuge sich, ob in beiden Endlagen die Betriebsbedingungen (Spiel, Überlauf, Länge der Führung, Durchgangsquerschnitt usf.) erfüllt sind.

Auf Nachstellen (und Zugänglichkeit der zum Nachstellen und Sichern dienenden Schrauben) ist Rücksicht zu nehmen.

Stopfbüchsen sind herausgezogen zu zeichnen (vgl. Abb. 106). Dadurch erkennt man die Zugänglichkeit, die Möglichkeit des Nachziehens im Betrieb, die erforderliche Länge der Schrauben usf.

Schrauben sind möglichst nahe an jene Konstruktionsteile heranzurücken, welche die Kräfte weiterleiten; lange Flanschen oder lange unversteifte, auf Biegung beanspruchte Platten sind zu vermeiden. Andererseits muß der Abstand der Schrauben von den Wandungen so groß gewählt werden, daß auch bei Abweichungen im Guß genügend Platz für die Mutter vorhanden ist. Man überzeuge sich namentlich ob die Muttern gut zugänglich sind und mit gewöhnlichen Schraubenschlüsseln angezogen werden können. Ist dies nicht der Fall, so muß die Mitlieferung von Sonderschlüsseln vorgesehen werden (möglichst vermeiden).

Wird von zwei zusammenstoßenden Teilen der eine heißer (oder kälter) als der andere, so ist die Wärmedehnung zu ermöglichen (Abb. 202 u. 203) oder der Einfluß der Wärmedehnung zu berücksichtigen.

Bei stark belasteten Flanschen ist ein Verspannen des Flansches durch die Schrauben zu befürchten. Man nehme kräftige Flanschen (Abb. 204) oder lege die Dichtung nach Abb. 205 unter den Flansch. Soll die Dichtung teilweise vom Schraubendruck entlastet werden, so ist eine Stützfläche L vorzusehen (Abb. 206).

Aufzuschleifende Deckel erfordern Durchsteckschrauben. Abb. 204a zeigt Stiftschrauben und Druckring D.

Bei Teilen, die sich stark abnutzen, ist auf Nachstellen oder leichten Ausbau Rücksicht zu nehmen. Die zum Nachstellen oder Sichern dienenden Schrauben müssen gut zugänglich sein.

Bei schweren Bauteilen und bei vollständigen Maschinen muß das Anhängen an den Kran möglich sein. Lassen sich Ösen nicht anbringen oder sind sie — wie

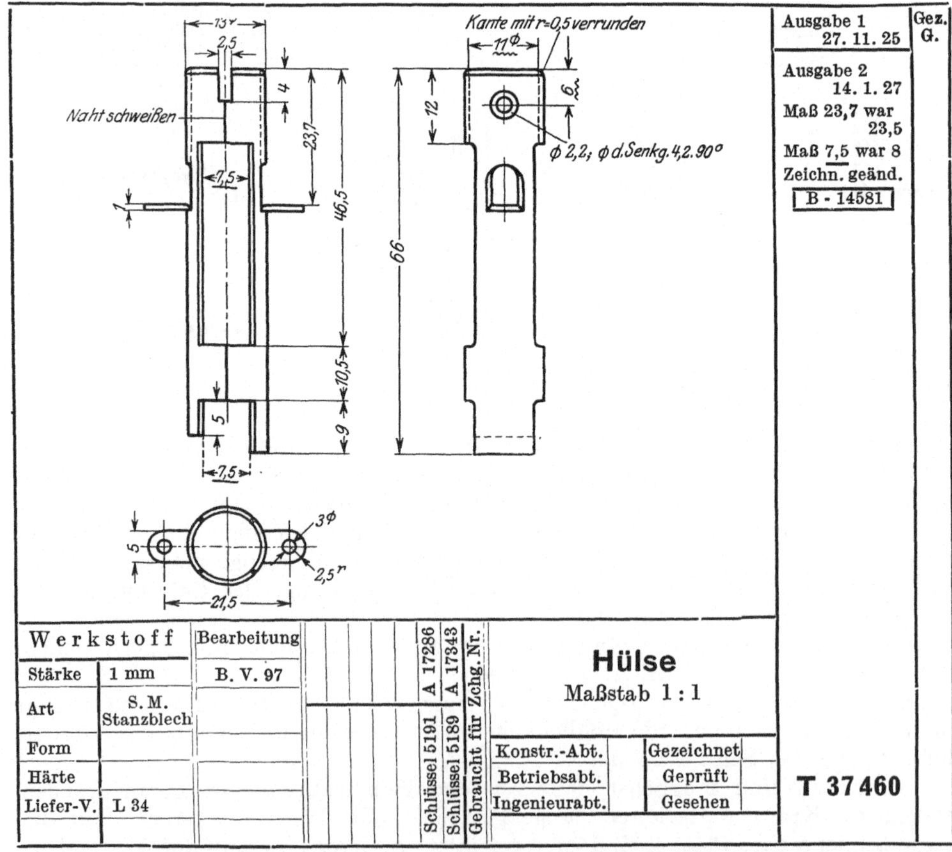

Abb. 207. Amerikanische Teilzeichnung. (Unterstrichene Maße, Maße mit Wellenlinien, amerikanische Projektionsart, Hinweis auf Liefervorschriften und auf die Bearbeitungs-Vorschrift B. V. 97.)

beim Ausheben von Gußstücken aus der Form — noch nicht angebracht, so muß auf das Umschlingen durch das Seil oder die Kette Rücksicht genommen werden. Es sind daher scharfe Kanten zu vermeiden, welche das Seil beschädigen, aber auch schwache Angüsse, Hauben, Ölrinnen usf., die vom gespannten Seil beschädigt werden können.

5. Für und Wider.

Die vorhergehenden Abschnitte bringen bereits eine Reihe von Beispielen und Gegenbeispielen. Andere Fälle sind hier unter der Überschrift Für und Wider zusammengestellt. Die Ausdrücke Falsch und Richtig wurden vermieden, da sie nicht immer völlig zutreffen. Was heute richtig ist, kann morgen falsch sein. falls Werkstoffpreis, Werkstoffgüte, Lohn, Zahl der verfügbaren Facharbeiter, Bearbeitungsfolge oder Lieferfrist sich ändern oder die Wirtschaftslage oder die politische Lage besondere konstruktive Maßnahmen erfordern. Diese Zusammenstellung soll den jungen Konstrukteur veranlassen, seine eigenen Erfahrungen in gleicher Weise niederzulegen.

Erster Entwurf	Kritik	Erste Verbesserung
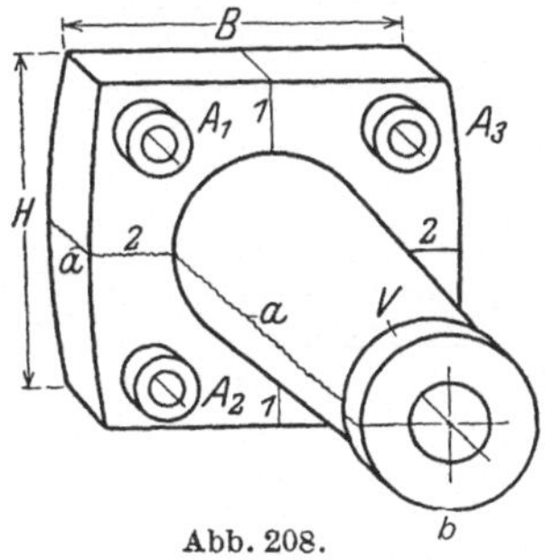 Abb. 208.	Beim 1. Entwurf (Modellteilfuge *2—2*) müssen die Augen lose sein. Die 1. Verbesserung führt die Augen A_1 und A_2 (und ebenso A_3 und A_4) bis zur Teilfuge durch. Grat *aa*! Anderer Vorschlag: *H* vergrößern, *B* verkleinern, oben und unten nur je eine Schraube auf Teilfuge *1—1*. Oder: Verzicht auf Verstärkung *V* und Einformen stehend, *b* unten; Augen wie im ersten Entwurf.	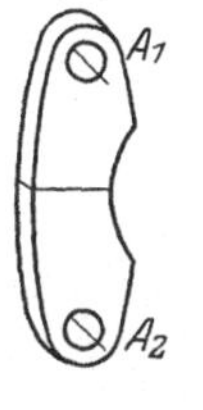 Abb. 209.
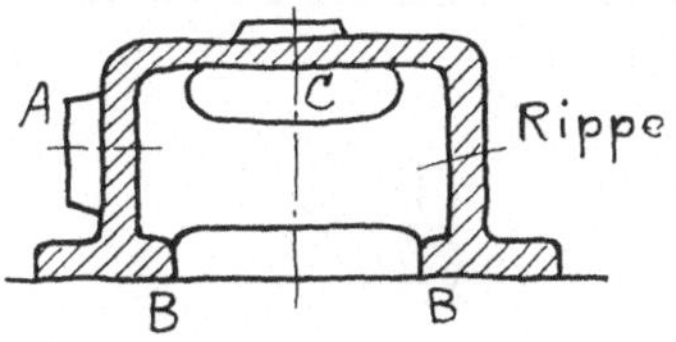 Abb. 210.	Teures Modell, teurer Kernkasten. Auge *A* hindert das Ausheben des Modelles, muß daher lose sein! Bei den Seitenwänden fehlt die Neigung. Einspringende Flanschen *B* und Aussparung *C* bedingen teuren Kern. Abb. 211 kann ohne Kernkasten, nach dem „Naturmodell" abgeformt werden. Lebensdauer der hölzernen Naturmodelle beschränkt, namentlich bei geringen Wandstärken.	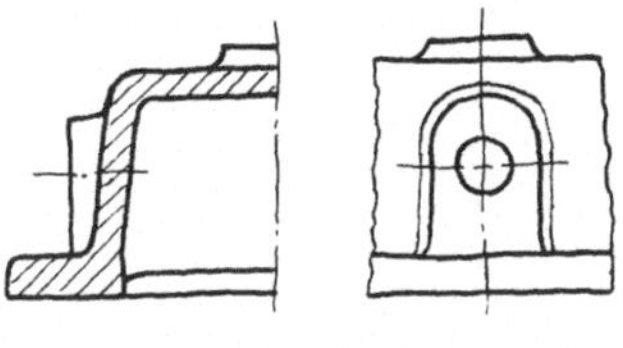 Abb. 211.
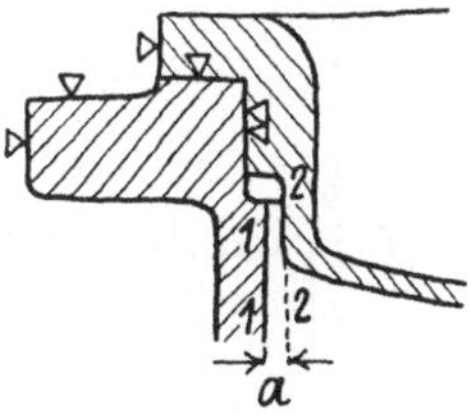 Abb 212.	Schlechte Stoffverteilung, schlechte Übergänge, zuviel bearbeitete Flächen. Soll *1—1*, *2—2* unbearbeitet bleiben, so ist *a* reichlich zu wählen. Ein enger Spalt ist nur bei bearbeiteten Flächen zulässig. (Modell- und Formkosten sind beim 1. Entwurf geringer als bei der 1. Verbesserung.)	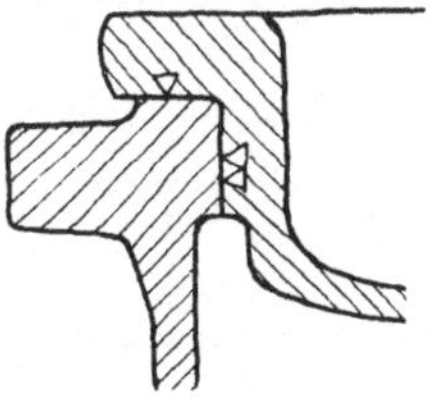 Abb. 213.

Erster Entwurf	Kritik	Erste Verbesserung
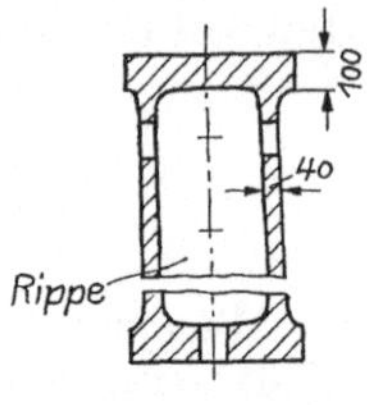 Abb. 214. Träger aus Stahlguß, 10 m lang.	Seitenwände im Verhältnis zu den Gurtungen zu schwach. Kastenform und innere Rippen erschweren das Schrumpfen und Freistoßen.	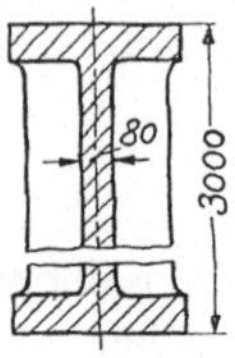 Abb. 215.
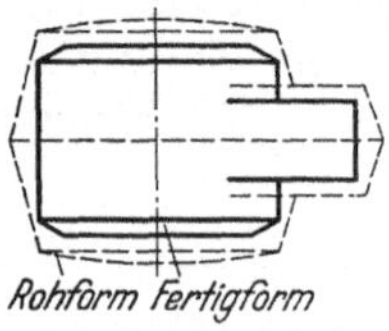 Abb. 216. Muffe mit Steuerdaumen, Bearbeitungsangabe: „allseitig bearbeitet“.	Die Muffe, für Massenfertigung bestimmt, soll im Gesenk geschlagen werden. Dann erfordert die gewählte Form und die verlangte allseitige Bearbeitung das Preßstück Abb. 216. Hohe Bearbeitungskosten, teilweise Nacharbeit von Hand! Erste Verbesserung wesentlich billiger und leichter.	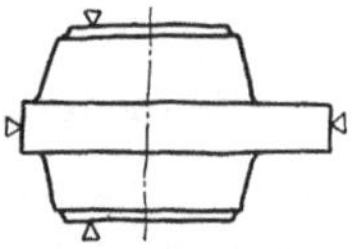 Abb. 217. Werkstück.
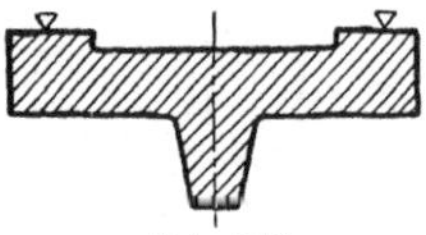 Abb. 218.	Aufspannen unbequem. Erste Verbesserung erleichtert das Aufspannen, doch ist nicht ersichtlich, wie es erfolgt. Entweder sind Löcher für Spannschrauben vorzusehen, oder (bei großen, langen Gußstücken) seitliche Nocken.	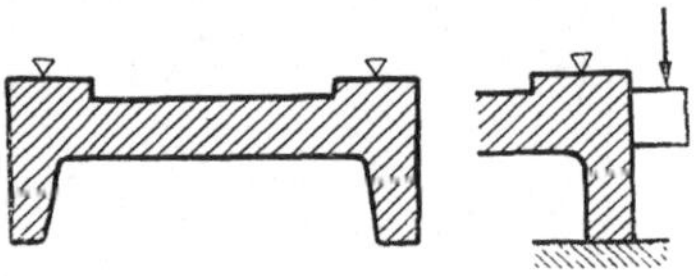 Abb. 219.
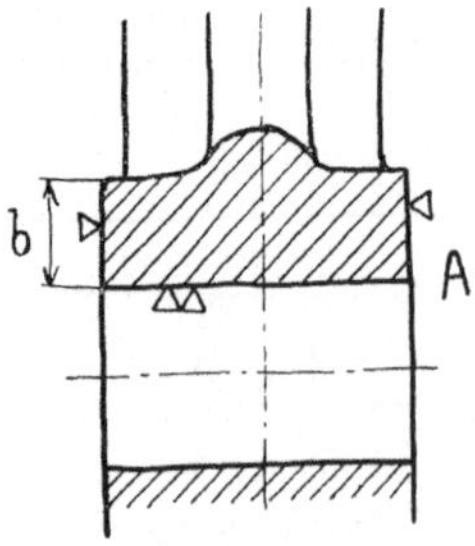 Abb. 220. Nabe eines Schwungrades.	Falls *b* verhältnismäßig groß ist, wird man das schwere Rad zur Bearbeitung von *b* umspannen müssen. Ein schmaler Rand läßt sich ohne Umspannen von *A* her bearbeiten (1. Verbesserung). Noch billiger ist eine Eindrehung.	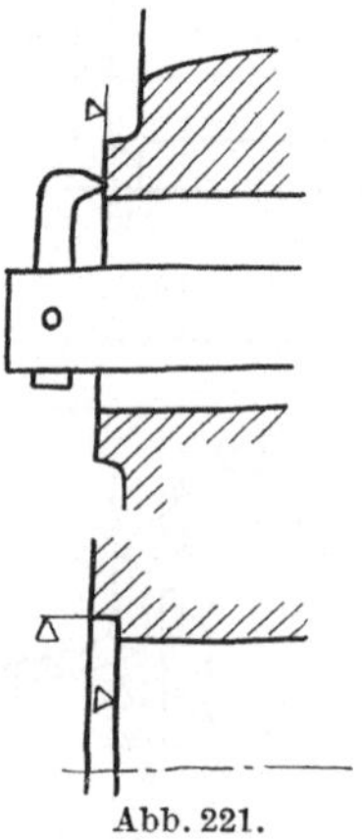 Abb. 221.

Erster Entwurf	Kritik	Erste Verbesserung
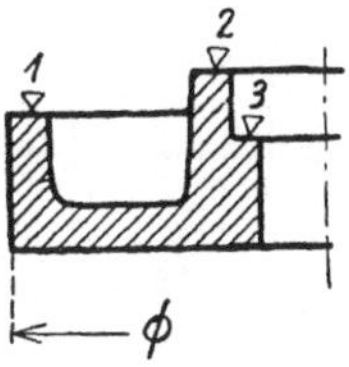 Abb. 222.	Werkzeug muß dreimal neu eingestellt werden, bei erster Verbesserung nur zweimal. Die verbesserte Konstruktion bedingt auch geringere Modell- und Formkosten. Handelt es sich um eine aus dem Vollen gedrehte Scheibe, so sind auch die Werkstoffkosten vermindert.	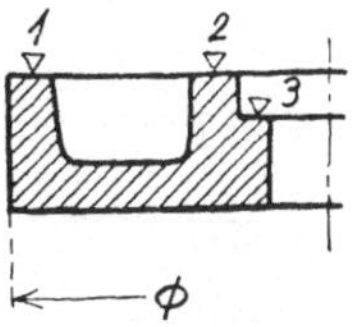 Abb. 223.
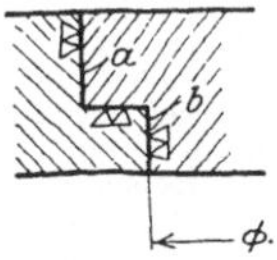 Abb. 224.	Anliegen bei *a* und *b* würde sehr genaue und teure Arbeit verlangen und ist völlig überflüssig. Erste Verbesserung (Spiel bei *b*, Abb. 225) ist brauchbar, falls die Mittensicherung bei a durch Schlichtaufsitz erfolgt. Muß aber die Paßbohrung in Teil 4 gerieben oder geschliffen werden, so ist Ausführung Abb. 226 zu wählen (Spiel bei a).	 Abb. 225. 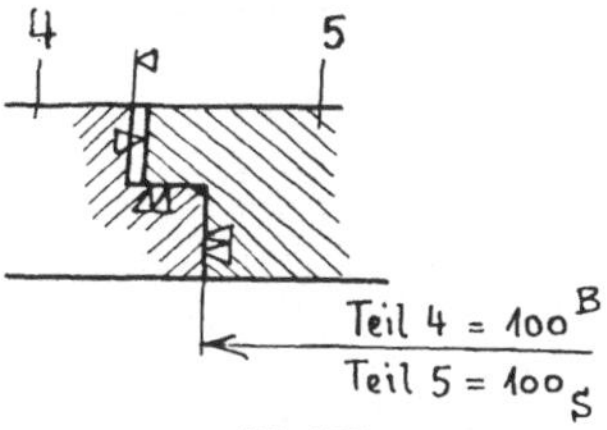 Abb. 226.
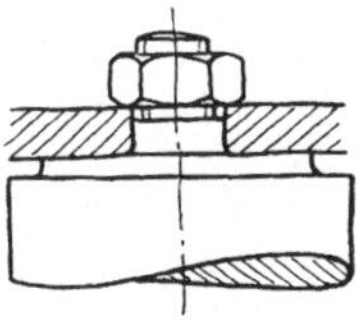 Abb. 227.	Schwache Zapfen (mit Gewinde) an starken Bolzen oder an langen Wellen sind in der Herstellung teuer, oft auch beim Zusammenbau störend. Werkstoffverbrauch groß, Dauerbruchgefahr. Erste Verbesserung zeigt eine andere Lösung. Muß Mitte *A* gegen *B* – *B* genau festgelegt werden, ist 1. Entwurf vorzuziehen. (Festlegung des Abstandes könnte auch durch Paßstifte oder einen Paßring oder durch kurzen Zapfen an Welle A, Abb. 228 erfolgen.)	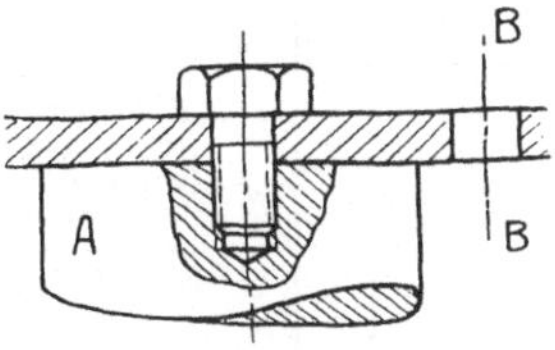 Abb. 228.
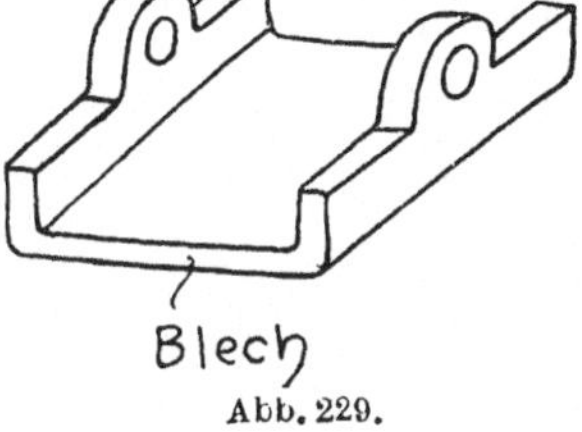 Abb. 229.	Bei geringer Stückzahl teuer. Viel Abfall, Ausschneiden mit der Schere nur teilweise möglich, Feilarbeit! Bei 1. Verbesserung werden die Augen angenietet oder punktgeschweißt. Bei sehr großer Stückzahl (Verwendung eines Stanz- und Biegeschnittes) und billigem Werkstoff kann 1. Entwurf wirtschaftlicher sein.	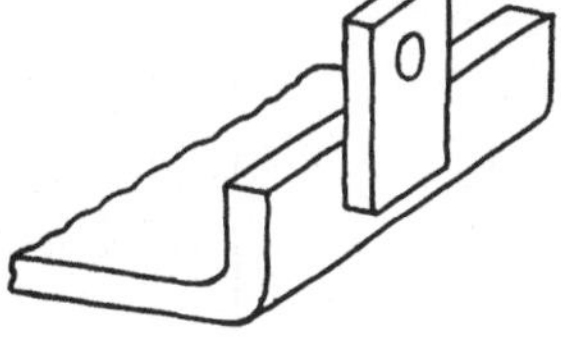 Abb. 230.

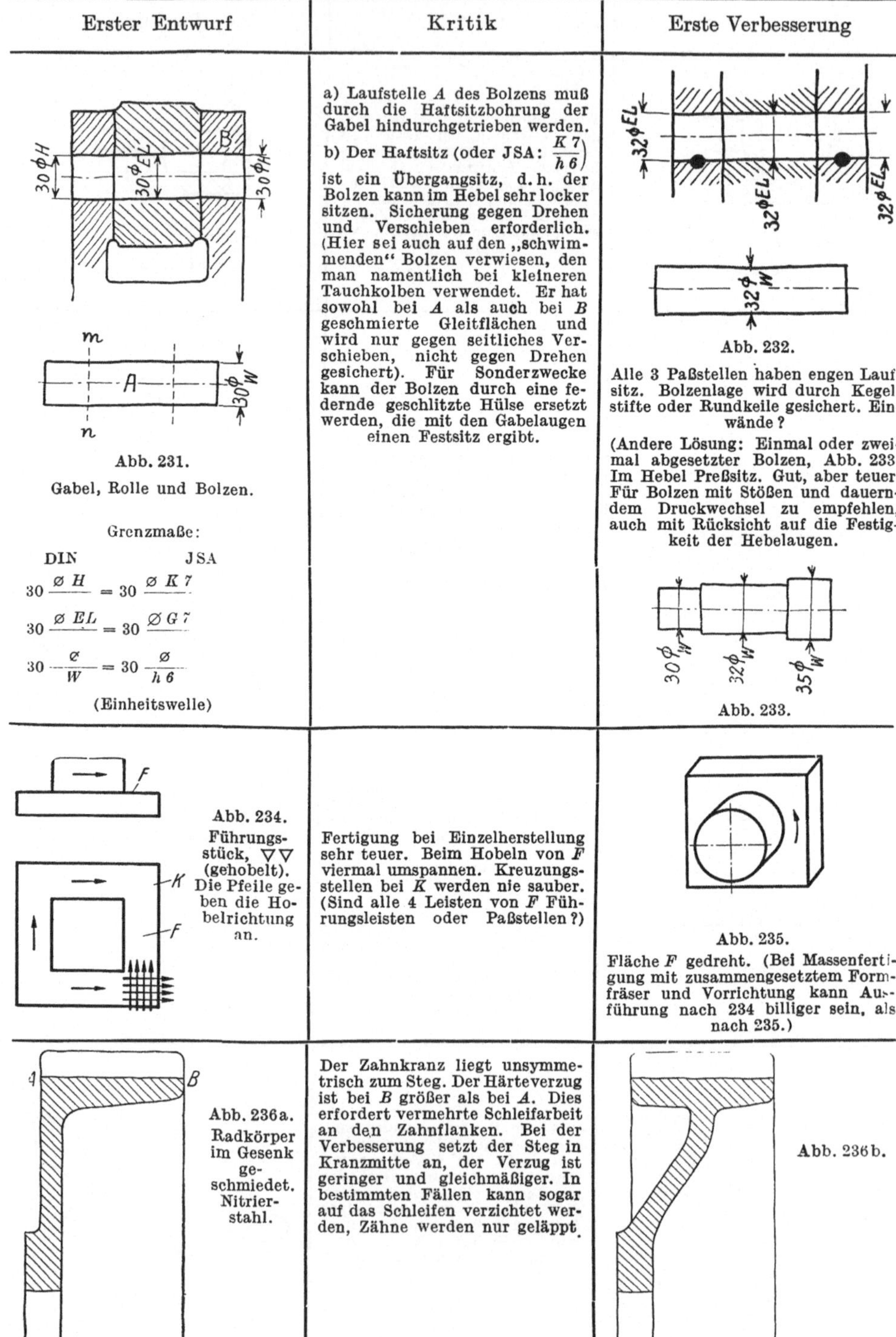

Erster Entwurf	Kritik	Erste Verbesserung
Abb. 231. Gabel, Rolle und Bolzen. Grenzmaße: DIN JSA $30\,\frac{\varnothing H}{} = 30\,\frac{\varnothing K\,7}{}$ $30\,\frac{\varnothing EL}{} = 30\,\frac{\varnothing G\,7}{}$ $30\,\frac{\varnothing}{W} = 30\,\frac{\varnothing}{h\,6}$ (Einheitswelle)	a) Laufstelle *A* des Bolzens muß durch die Haftsitzbohrung der Gabel hindurchgetrieben werden. b) Der Haftsitz (oder JSA: $\frac{K\,7}{h\,6}$) ist ein Übergangsitz, d. h. der Bolzen kann im Hebel sehr locker sitzen. Sicherung gegen Drehen und Verschieben erforderlich. (Hier sei auch auf den „schwimmenden" Bolzen verwiesen, den man namentlich bei kleineren Tauchkolben verwendet. Er hat sowohl bei *A* als auch bei *B* geschmierte Gleitflächen und wird nur gegen seitliches Verschieben, nicht gegen Drehen gesichert). Für Sonderzwecke kann der Bolzen durch eine federnde geschlitzte Hülse ersetzt werden, die mit den Gabelaugen einen Festsitz ergibt.	Abb. 232. Alle 3 Paßstellen haben engen Laufsitz. Bolzenlage wird durch Kegelstifte oder Rundkeile gesichert. Einwände? (Andere Lösung: Einmal oder zweimal abgesetzter Bolzen, Abb. 233. Im Hebel Preßsitz. Gut, aber teuer. Für Bolzen mit Stößen und dauerndem Druckwechsel zu empfehlen, auch mit Rücksicht auf die Festigkeit der Hebelaugen. Abb. 233.
Abb. 234. Führungsstück, ▽▽ (gehobelt). Die Pfeile geben die Hobelrichtung an.	Fertigung bei Einzelherstellung sehr teuer. Beim Hobeln von *F* viermal umspannen. Kreuzungsstellen bei *K* werden nie sauber. (Sind alle 4 Leisten von *F* Führungsleisten oder Paßstellen?)	Abb. 235. Fläche *F* gedreht. (Bei Massenfertigung mit zusammengesetztem Formfräser und Vorrichtung kann Ausführung nach 234 billiger sein, als nach 235.)
Abb. 236a. Radkörper im Gesenk geschmiedet. Nitrierstahl.	Der Zahnkranz liegt unsymmetrisch zum Steg. Der Härteverzug ist bei *B* größer als bei *A*. Dies erfordert vermehrte Schleifarbeit an den Zahnflanken. Bei der Verbesserung setzt der Steg in Kranzmitte an, der Verzug ist geringer und gleichmäßiger. In bestimmten Fällen kann sogar auf das Schleifen verzichtet werden, Zähne werden nur geläppt.	Abb. 236b.

Erster Entwurf	Kritik	Erste Verbesserung
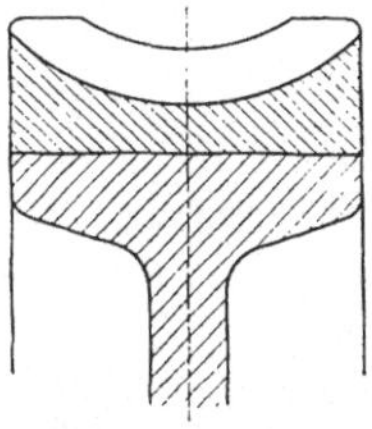 Abb. 237a. Radkörper aus Gußeisen oder Stahl, Bronzekranz aufgeschrumpft.	Falls Bronze für den Kranz unersetzlich erscheint, muß mit Werkstoff möglichst gespart werden. Bei sehr schwachen Kränzen nach Abb. 237a besteht Rutschgefahr, namentlich bei größerer Erwärmung im Betrieb. Bei Abb. 237b wird der Stahlkörper verzahnt, mit Bronze umgossen, das Rad unter Luftabschluß geglüht und fertig bearbeitet. Festigkeit des Stahles und Gleiteigenschaften der Bronze werden voll ausgenutzt.	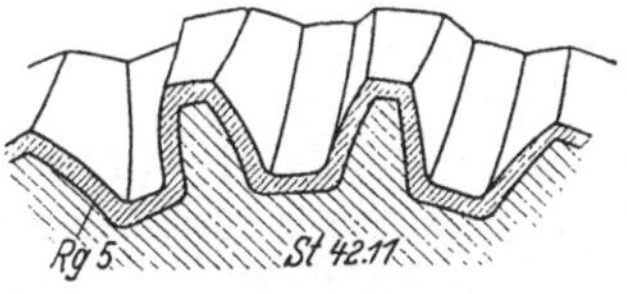 Rg 5 St 42.11 Abb. 237b. Mittelschnitt. Hohe Bearbeitungskosten, längere Lieferfristen.
Um das Geräusch zu vermindern, wurde ein Stahlritzel mit geraden Zähnen durch ein Rohhautzahnrad ersetzt.	Das Geräusch konnte fast ganz behoben werden. Verschleiß hoch, Rohhaut empfindlich gegen Feuchtigkeit und Wärme.	Stahlrad aus St. 50.11 mit Schrägverzahnung. Geräusch gering, Verschleißfestigkeit hoch. Bei großem Bedarf müssen genügend Bearbeitungsmaschinen und Facharbeiter verfügbar sein.
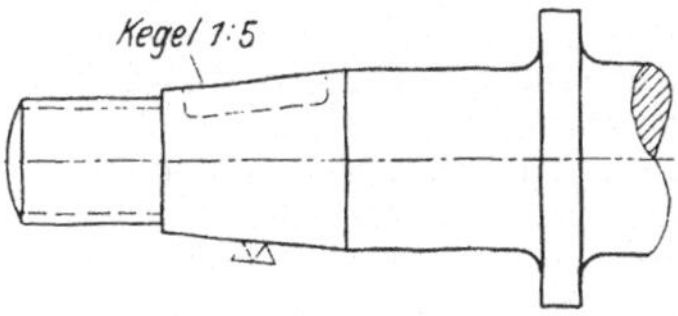 Kegel 1:5 Abb. 238.	Welle für Kühlwasserpumpe. Im ersten Entwurf hat das Schaufelrad Kegelsitz, Welle nicht rostender Stahl. Bei der Verbesserung ist die glatte Welle aus St 50.11, hartverchromt, Rad aufgeschrumpft. Welle kürzer, Herstellungskosten wesentlich gesenkt. Die Preßpassung und die Sicherheit gegen Rutschen genau berechnen.	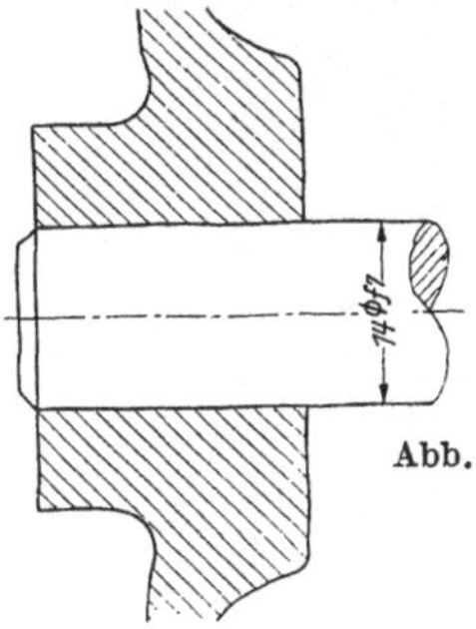 14 φ f7 Abb. 239.

Anhang.

1. Gesamtzeichnungen und sonstige Zeichnungen.

Die vorausgehenden Ausführungen beziehen sich in erster Linie auf die Anfertigung von Werkzeichnungen.

Im Anhang soll kurz auf andere Zeichnungsarten hingewiesen werden.

Je nach dem Zweck kann man unterscheiden:

1. Vollständige Zusammenstellungen, die auf Grund der Teilzeichnungen angefertigt werden und den Zusammenhang aller Teile und die Richtigkeit der Einzelmaße erkennen lassen. Sie erbringen den Nachweis, daß sich alle Teile richtig zusammenfügen lassen.

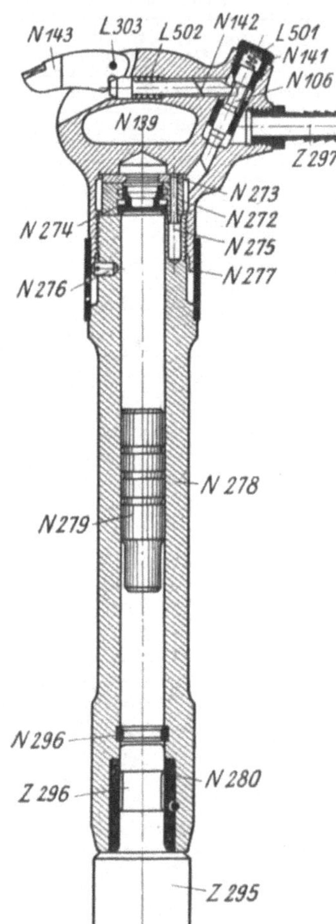

Abb. 240.

Bei umfangreichen Maschinen ist das Zeichnen derartiger Zusammenstellungen schwierig und zeitraubend. Man begnügt sich daher oft mit der Gesamtzeichnung der bewegten Teile (z. B. der Steuerung), um genau feststellen zu können, ob der erforderliche Platz für die Bewegung vorhanden ist.

2. Vereinfachte Zusammenstellungen für die Rüsterei oder die Aufstellung, Angebotszeichnungen (Prospekte, Offerten), Erläuterungszeichnungen (Abb. 240), Pläne für die Durchführung von Messungen usf. Die Ausführung ist dem jeweiligen Zweck anzupassen, das Wesentliche und für die vorliegende Aufgabe Wichtige ist hervorzuheben.

3. Aufstellungspläne, die entweder ausschließlich alle Angaben über das Mauerwerk enthalten oder auch die Maschinenanlage erkennen lassen. Auf die Eigenart des Baustoffes (Ziegel, Klinker, Quadern, Beton), auf die üblichen Abmessungen der Steine, auf Zugänglichkeit der Kanäle, genügend Platz für das Anziehen der Schrauben, Erneuern der Packung usf. ist gebührend Rücksicht zu nehmen.

4. Rohrpläne. Einfache Rohrpläne zeigen die Maschinenanlage mit den Anschlüssen und die Rohrleitung. Schwierigere Pläne erfordern einen Gesamtplan, Einzelpläne der verschiedenen Leitungen (z. B. Abdampfleitung, Kondensleitung usf.) und Stücklisten mit Maßskizzen der einzelnen Teile. Bei den Formstücken und Rohrschaltern sind die Normen zu beachten (vgl. Abb. 57).

Zu den Rohrplänen in weiterem Sinne gehören auch die Pläne für die Schmierölleitungen, die bei größeren schnellaufenden Maschinen sehr sorgfältig zu entwerfen sind.

Von sonstigen Zeichnungen seien erwähnt: Schaubilder, Steuerungspläne, Schaltpläne, Wicklungspläne für elektrische Maschinen usf. Zeichnungen der Geländer, Verschalungen, Schutzbleche, Abdeckplatten usf.

Zeichnungen für die Fertigung. In der Einzelfertigung genügt meist die Werkzeichnung für die Herstellung. In der Massen- und lebhafteren Reihenfertigung sind je nach dem Herstellungsgang außer den bereits erwähnten Modellzeichnungen (Abb. 241), Schmiedezeichnungen, Schruppzeichnungen usf. erforderlich:

1. Bearbeitungspläne (Operationspläne).
2. Zeichnungen der Werkzeuge.
3. Zeichnungen der Vorrichtungen, Lehren, Gesenke, Schnitte (Abb. 242).

Die Ausarbeitung dieser Unterlagen ist mindestens ebenso wichtig wie die Gestaltung des Werkstückes. Es erfordert genaue Kenntnis des Werkstättenbetriebes, sicheres Einfühlen in die Tätigkeit des Arbeiters, gute Raumvorstellung und Erfindungsgabe. Es trägt zur Entwicklung der konstruktiven Fähigkeiten meist mehr bei als das durch die Rechnung, die Normung und die Überlieferung ziemlich stark eingeschränkte Entwerfen der sogenannten „Maschinenelemente".

2. Skizzieren und Entwerfen.

Skizzieren ist die beste Vorübung zum Zeichnen und Entwerfen.

Im Unterricht findet das Skizzieren meistens nach Modellen und Werkstücken statt (Aufnahmeskizzen), im Selbstunterricht kann das Skizzieren auch nach guten Abbildungen von Maschinenteilen geübt werden. Sehr zu empfehlen ist das Herauszeichnen von Einzelteilen aus Zusammenstellungszeichnungen und das Skizzieren aus der Erinnerung. Im jungen Maschineningenieur muß die Fähigkeit herangebildet werden, technische Anordnungen aller Art — sei es nun ein Dachstuhl oder eine Rohrleitung, ein Einzelteil einer Werkzeugmaschine oder eine Dampfmaschinensteuerung — die er nur kurze Zeit betrachten konnte, später aus dem Gedächtnis skizzieren oder „nacherfinden" zu können. Die zahlreichen Besichtigungen von Anlagen und Werkstätten sind wertlos, falls darüber nicht einige sachgemäße Skizzen und kurze Berichte gefordert werden. Diese Skizzen müssen, da ein Zeichnen an Ort und Stelle nicht möglich ist, aus dem Gedächtnis angefertigt werden.

Einzelheiten: Bleistift weich und mit kegelförmiger Spitze, ja nicht flach! Papier glatt und anfangs ohne Liniennetz, um an völlig freihändiges Zeichnen zu gewöhnen. Lotrechte und waagrechte Striche sind bei unveränderter Lage des Papiers zu ziehen, und zwar rasch in einem Zug, nicht mehrmals mit dem Bleistift hin und her fahrend. Zuerst werden stets die Mittellinien gezogen, dann die Umfangslinien. Die Skizze wird erst in feinen Strichen ausgeführt, wenn erforderlich verbessert, dann kräftig nachgezogen. Die feinen Striche sind so dünn zu ziehen, daß zu lang gezogene oder falsch gezogene Linien in der fertigen Skizze nicht stören und nicht wegradiert werden müssen. Skizzen sollen weder zu flüchtig, noch zu genau ausgeführt werden.

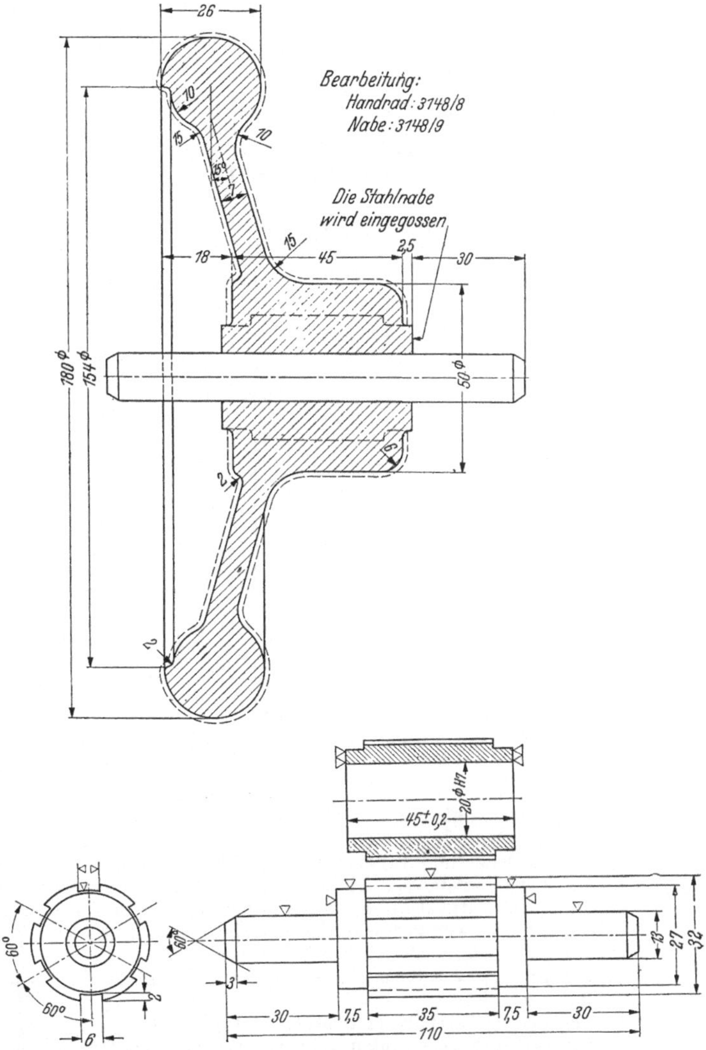

Abb. 241a. Modellzeichnung für ein Handrad aus Elektron. Die am Gußstück zu bearbeitenden Flächen sind durch farbige Linien, gestrichelte Linien oder ▽ zu kennzeichnen. Nach dem Holzmodell kann ein Metallmodell angefertigt werden oder eine Formplatte.

Abb. 241b. Stahlnabe, zum Eingießen vorbereitet. Die Schnittfigur zeigt die Stahlnabe gebohrt und fertig bearbeitet.

Falls Elektron für Handräder nicht mehr freigegeben wird, tritt an dessen Stelle ein Preßstoff.

a) Aufnahmeskizzen (Abb. 56). Der Gegenstand der Skizze ist in allen erforderlichen Schnitten und Ansichten darzustellen. Alle Maße, die zum genauen Aufzeichnen oder zum

Herstellen des aufgenommenen Gegenstandes benötigt werden, sind einzutragen. Bei Maschinenelementen, die aus mehreren Teilen bestehen, skizziere man zuerst jeden einzelnen Teil und stelle dann erst eine Gesamtskizze her. Der Werkstoff ist anzugeben, falls nicht eine besondere Stückliste der einzelnen Teile angefertigt wird.

Die Aufnahmeskizze soll nicht maßstabrichtig (1 : 1, 1 : 5) sein, sondern nur verhältnismäßig. Man beginne daher nie mit dem Abmessen des zu skizzierenden Gegenstandes, sondern

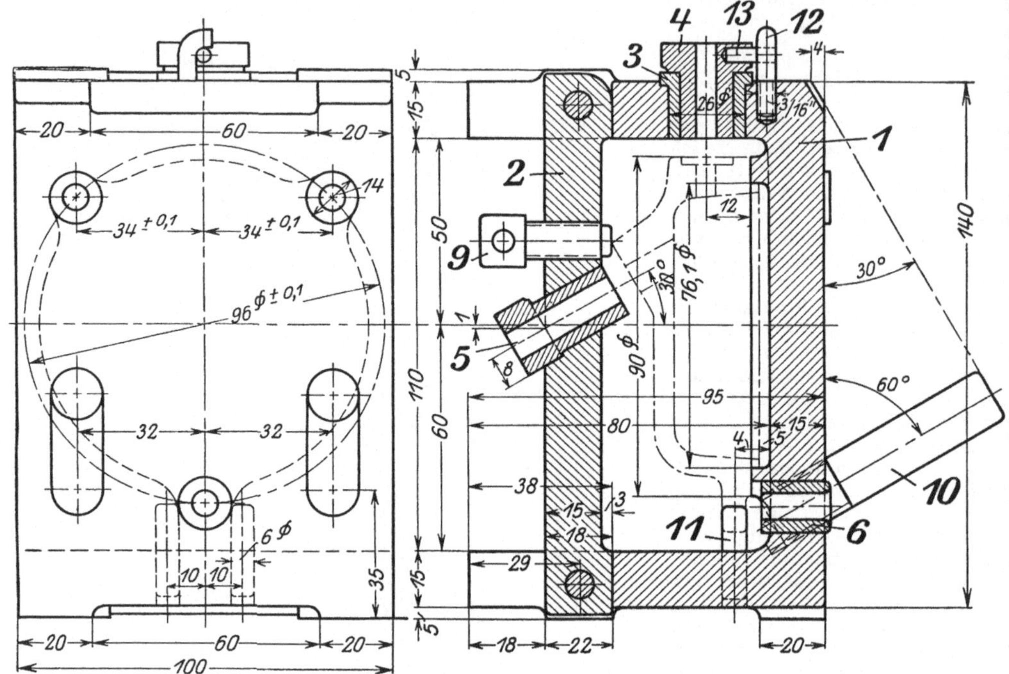

Abb. 242. Entwurf zu einer Vorrichtungszeichnung (Bohrvorrichtung für einen Deckel).

schätze die Hauptabmessungen gegeneinander ab und wähle für die größte Abmessungen eine derartige Länge, daß eine deutliche Figur entsteht, die das übersichtliche Eintragen der Maße gestattet. Man hüte sich vor zu kleinen, aber auch vor zu großen Skizzen. Fertigt man von den einzelnen Teilen einer Maschine getrennte Skizzen an, so kann man die größeren Teile verhältnismäßig kleiner, die kleineren dagegen größer aufzeichnen. Sobald das Werkstück aufgezeichnet ist, werden die Maßlinien eingetragen, erst für die Hauptmaße, dann für die weniger wichtigen Maße. Dann beginnt das Messen und Einschreiben der Maße. Die Bearbeitung, soweit sie erkennbar ist, wird gleichfalls angegeben.

b) Grundsätzliche (schematische) Skizzen. Die Abb. 243 und 244 zeigen richtige und fehlerhafte Ausführungen. Die schematischen Skizzen, die meist zur Erläuterung des Vortrages oder einer Beschreibung dienen, sollen das Grundsätzliche einer Anordnung zeigen, sie entstehen daher nicht durch bloßes „Vereinfachen", durch Weglassen des scheinbar Unwesentlichen, sondern durch Hervorheben des Wesentlichen.

Abb. 243. Richtig. Abb. 244. Falsch.
Grundsätzliche Skizzen von Ventilgehäusen.

Namentlich hüte man sich, konstruktive Einzelheiten dadurch „schematisch" darstellen zu wollen, daß man die Arbeitsleisten, die Abrundungen, die Durchdringungslinien usf. weg läßt (Abb. 244). Skizzen dieser Art wirken geradezu verderblich, da sie dazu verleiten, auch beim Entwerfen die gleichen Fehler zu begehen. Ähnlich wie unrichtige Grundsatz-Skizzen wirken oft sehr stark verkleinerte Abbildungen in technischen Zeitschriften und Büchern. Man versuche ja nicht, derartige Abbildungen durch gedankenloses Vergrößern in „Werkzeichnungen“ zu verwandeln!

c) Perspektive Skizzen[1]. Durch perspektive Skizzen wird die Vorstellungskraft, das räumliche Sehen und Denken wesentlich gestärkt, allerdings nur dann, wenn es sich nicht um ein Abzeichnen von Vorlagen handelt oder um ein punktweises Übertragen normaler Projektionen in Perspektive, sondern um die Wiedergabe von Bildern, die im „Kopf“ Form und Gestalt gewonnen haben und nun von der geschickten „Hand“ zu Papier gebracht werden. „Die Zeichnung als Ausdrucksmittel und die Formvorstellung als Geistestätigkeit stehen in genau demselben Verhältnis wie die Sprache zu den Gedanken“[2].

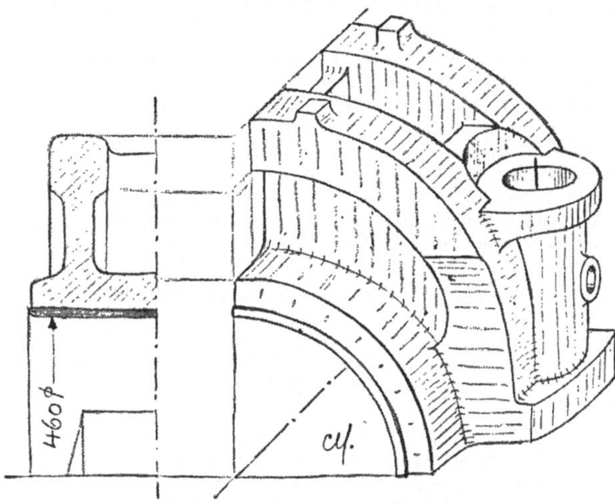

Abb. 245. Deckel einer Treibstange. (Handskizze des Verfassers, vgl. C. Volk, Entwicklung von Triebwerksteilen, Z.VDI., 1938, S. 1241), und C. Volk, Der konstruktive Fortschritt, ein Skizzenbuch, Springer-Verlag 1941).

Der Anfänger wird sich zuerst nur die Grundform vorstellen können, diese skizzieren und nun das Werkstück am Papier gleichsam bearbeiten und vollenden. So wird das Skizzieren zum Schmieden, Drehen, Hobeln; es zwingt den Konstrukteur an die Herstellung, an die Arbeitsvorgänge, an Einformen und Aufspannen zu denken und ist das beste Mittel, die Tätigkeit am Zeichenbrett mit dem Schaffen in der Werkstatt zu verknüpfen. Beispiele von Aufbauskizzen: Abb. 11, 135, 137, 245, 247.

d) Vorgang beim Entwerfen[3] **eines Einzelteiles.** 1. Auf Grund von guten Ausführungen eine maßstabrichtige Entwurfskizze (1:1 oder 1:5) anfertigen. Das Grundsätzliche der Gestaltung vielleicht durch Aufbauskizzen oder eine Formenreihe festhalten (Abb. 247).

2. Durch rasche Überschlagsrechnung untersuchen, ob die Abmessungen in bezug auf Festigkeit, Auflagerdruck, Reibung usf. genügen.

3. An Hand der Rechnung eine verbesserte Entwurfskizze anfertigen und auf Grund der

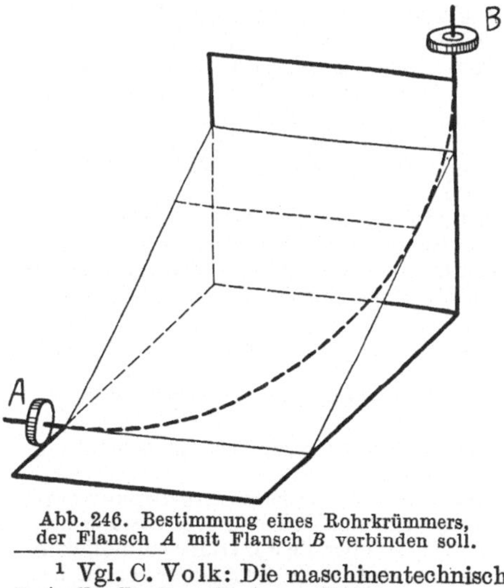

Abb. 246. Bestimmung eines Rohrkrümmers, der Flansch A mit Flansch B verbinden soll.

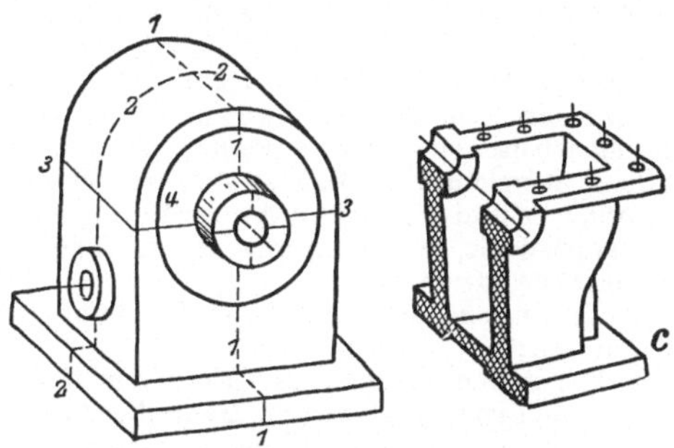

Abb. 247. Skizzen von Schneckengehäusen. (Ausschnitt aus einer Formenreihe).

[1] Vgl. C. Volk: Die maschinentechnischen Bauformen und das Skizzieren in Perspektive. 7. Aufl. Berlin: Springer-Verlag.

[2] Riedler: Das Maschinenzeichnen. 1913.

[3] Dabei ist vorausgesetzt, daß der Anfänger fast nie völlige Neukonstruktionen auszuführen hat.

[4] Vgl. Volk: Gehäuse. Maschinenbau. 1927, S. 652 und Schiebel-Königer: Zahnräder, II. Teil, S. 113 (Einzel-Konstruktionen aus dem Maschinenbau).

geänderten Abmessungen genauer nachrechnen. Zulässigkeit der gemachten Annahmen kritisch beurteilen, Herstellung, Raumbedarf, Zusammenbau berücksichtigen (auf Zusatzspannungen Rücksicht nehmen), die äußere Gestalt den sachlichen Forderungen noch mehr anpassen, die Hauptformen klar und bestimmt herausheben usf. Die Abänderung wird zweckmäßig so vorgenommen, daß man über den vorhergehenden Entwurf Pauspapier legt und die unverändert bleibenden Teile durchpaust. Der neue Entwurf ist dann auf dem Pauspapier auszuführen. Das Verfahren ist nach Bedarf zu wiederholen.

4. Die Werkzeichnung entwerfen. Beim Entwerfen der Werkzeichnung auf die Einteilung des Blattes und die richtige Anordnung der Ansichten und Schnitte Rücksicht nehmen; sind mehrere Ansichten erforderlich, so ist gleichzeitig an allen Ansichten zu arbeiten, weil dadurch die körperliche Form des Werkstückes besser zum Bewußtsein des Konstrukteurs kommt. Die Linien müssen kräftig sein, dürfen aber nicht mit einem zu harten Bleistift so eingegraben werden, daß sie nur schwer wegradiert werden können. Zum Entwerfen sind nur mittelharte Bleistifte mit runder, ja nicht flachgeschliffener Spitze zu verwenden. Die aus der Rechnung folgenden oder beim Entwurf gewählten Maße und Passungen sind sofort in die Bleizeichnung einzutragen. Die Bleizeichnung und der Entwurf samt Rechnung müssen so klar sein, daß die Arbeit in jedem Augenblick ohne viel mündliche Erläuterung von einem anderen Konstrukteur übernommen oder nach einer oft monatelangen Pause ohne Schwierigkeit fortgesetzt werden kann.

Überläßt der Konstrukteur die Fertigstellung der Zeichnung (oder die Anfertigung der Pause) einem Zeichner, so hat er vorher alle Hauptmaße einzutragen und die Passungen und Bearbeitungszeichen anzugeben. Er bescheinigt die Richtigkeit der Stammzeichnung oder Stammpause durch seine Unterschrift.

Handelt es sich um den Entwurf einer zusammengesetzten Maschine, die z. T. aus genormten Elementen besteht, so benützt man beim Entwurf auf Pauspapier gezeichnete oder gedruckte, maßstabrichtige Skizzen dieser Teile. Ist z. B. eine fahrbare Kranwinde zu entwerfen, so wird man die Pausen der gewählten Motoren, Schneckengehäuse, Lüftmagnete usf. solange verschieben, bis eine Verteilung erreicht ist, die in bezug auf Platzbedarf, Zugänglichkeit, Gewichtsverteilung usf. den Ansprüchen genügt.

Beispiel einer derartigen Entwurfskizze: Abb. 248 bis 250. Besondere Bedeutung hat das Baukasten-Verfahren im Schaltanlagenbau erlangt (Vgl. Dipl.-Ing. G. Meiners, AEG-Mitteilungen, 1941, Heft 3 u. 4).

3. Maschinenzeichnen und Normung.

Da die Werkzeichnung eine Anweisung des Konstrukteurs an die ausführenden Werkstätten darstellt, muß sie nicht nur den Zeichnungsnormen entsprechen, sondern auch Zeugnis dafür ablegen, daß der Konstrukteur mit den Grundnormen und den besonderen Fachnormen seines Arbeitsgebietes vertraut ist. Ich habe schon auf den vorangehenden Seiten vielfach auf den Deutschen Normenausschuß hingewiesen, will aber, da nun eine große Zahl von Normen für verbindlich erklärt wird, nochmals betonen, daß jeder Konstrukteur verpflichtet ist, bei der Einführung der Normen in die Praxis mitzuwirken. In größeren Betrieben werden ein besonderer Normungsingenieur oder eine ganze Normenabteilung diese Arbeiten durchführen, in kleineren Werken ist aber der einzelne Konstrukteur für sein Arbeitsfeld verantwortlich. Er wird dann mit den Ausschüssen seiner Wirtschaftsgruppe oder seines Fachverbandes zusammenarbeiten und dafür sorgen müssen, daß die für ihn erforderlichen Normblätter in Mappen übersichtlich geordnet stets zur Hand sind und laufend durch die neuerscheinenden Normblätter und die neuen Ausgaben ergänzt werden.

Hauptzweck der Normung ist Leistungssteigerung, Arbeitserleichterung und Gütesteigerung[1] durch

1. einheitliche und eindeutige Festlegung von Formen, Maßen, Abweichungen, Bezeichnungen usf.;

2. Feststellen, Ordnen und Einreihen des Vorhandenen, Ausscheiden des Entbehrlichen, Bilden von Typen (Baumuster, Baureihen) usf.;

3. Schaffen von einheitlichen und eindeutigen Arbeits- und Verständigungsunterlagen für Berechnung, Konstruktion, Fertigung, Bau, Prüfung, Bedienung, Lieferung usf.

Die DIN-Blätter müssen meist durch Werkangaben (z. B. über die am Lager befindlichen Werkstoffe und Halbzeuge) ergänzt werden. Darüber hinausgehende Zusätze sollen in besonderen Werksnormen festgehalten werden. Auch für Konstruktionen von noch nicht genormten Teilen, die an verschiedenen Stellen eines Werkes in gleicher oder ähnlicher Art gebraucht oder hergestellt werden, sind Werksnormen aufzustellen. Diese Werknormen sind

[1] Vgl. Oberingenieur Goller, Siemensstadt: Normung in der Industrie. Berlin: Beuth-Vertrieb.

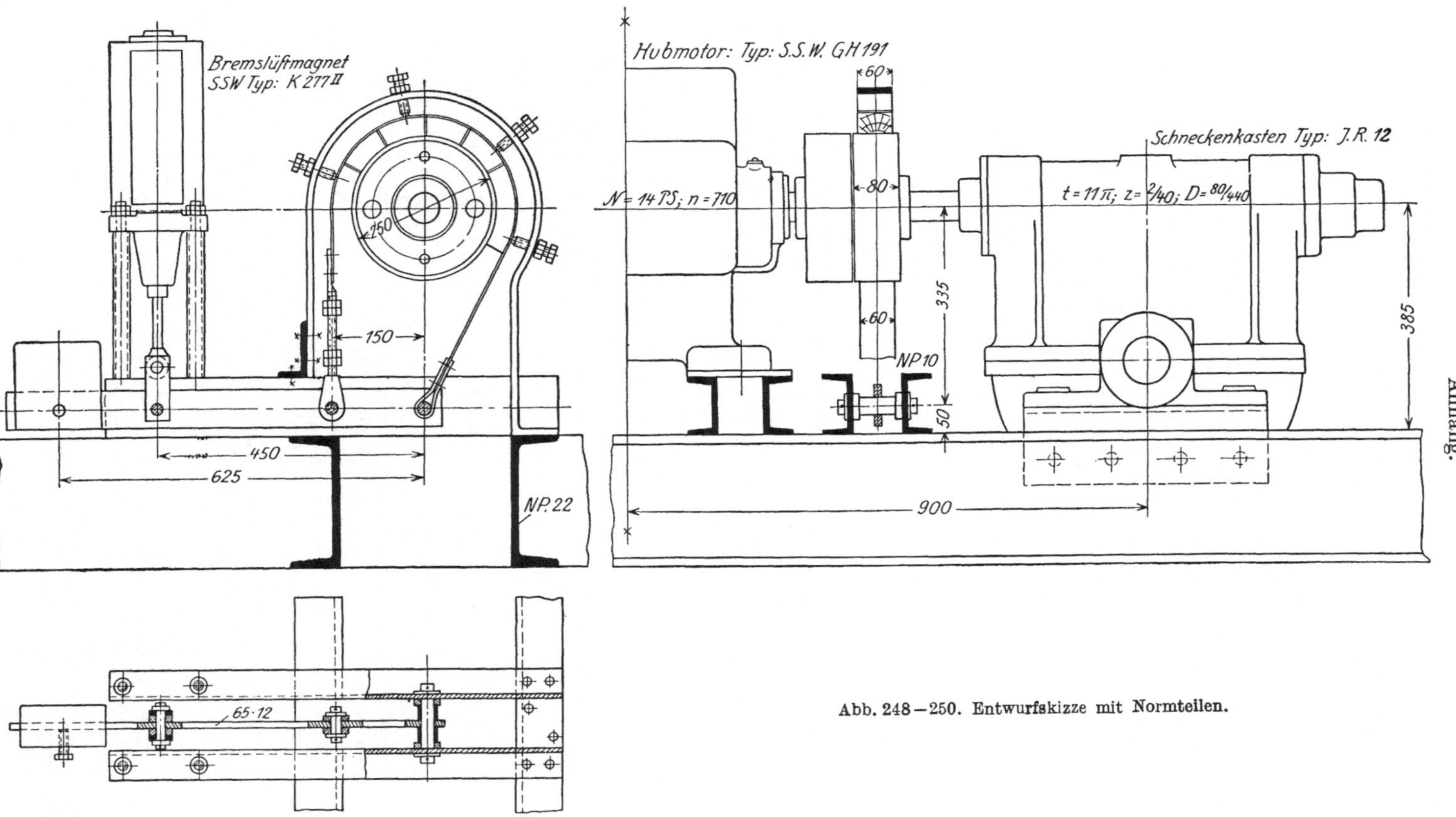

Abb. 248—250. Entwurfskizze mit Normteilen.

den Dinormen möglichst anzugleichen, so daß ihre spätere Überführung in eine Dinorm erleichtert wird. Namentlich wird man sich bei der Größenabstufung und den Hauptmaßen der Normungszahlen bedienen.

4. Anwendung der Normungszahlen.

Die meisten Bauteile werden in verschiedenen Größen hergestellt. In sehr vielen Fällen empfiehlt es sich, die Stufung der wichtigsten Maße nach geometrischen Reihen vorzunehmen. Aber auch die für die Abmessungen der Bauteile bestimmenden Werte (Leistungen, Drücke, Drehzahlen usf.) sollen nach den gleichen Reihen gestuft werden. Aus dieser Erkenntnis heraus hat der Deutsche Normenausschuß im Jahre 1922 die Reihen der Normungszahlen geschaffen.

Es wurden vier Grundreihen (R 40, R 20, R 10, R 5) genormt, aus denen sich bei Bedarf sechs weitere Reihen ableiten lassen[1]. Bei der am feinsten gestuften Reihe R 40 ist der Abstand von 1 bis 10, von 10 bis 100 usf. in je 40 geometrische Sprünge unterteilt. Der Stufensprung ist $\approx 1{,}06$ (genau $\sqrt[40]{10} \approx 1{,}0593$).

Der Logarithmus des Stufensprunges ist $\log(10^{1/40}) = 1/40 \cdot \log 10 = 0{,}025$.

Die Reihe R 40 lautet,

in Potenzen geschrieben:	$10^{0/40}$	$10^{1/40}$	$10^{2/40}$	$10^{3/40}$	$10^{4/40}$	usf.
Die zugehörigen Logarithmen sind:	0,00	0,025	0,050	0,075	0,100	usf.
Genauwerte von R 40:	1,0000	1,0593	1,1220	1,1885	1,2589	usf.
Hauptwerte:	1,00	1,06	1,12	1,18	1,25	usf.

Die gerundeten Hauptwerte der Reihe R 40 sind aus Tafel IX ersichtlich. Jedes zweite Glied (fett gedruckt) gehört der Reihe R 20 mit dem Stufensprung $\approx 1{,}12$ an (log. von $\approx 1{,}12 = 0{,}050$). Die Hauptwerte weichen von den Genauwerten nie um mehr als 1,25% ab. Innerhalb dieser Genauigkeit ist die Normungszahl $1{,}4 \approx \sqrt{2}$ und die Normungszahl $3{,}15 \approx \pi$

Tafel IX. Grundreihe R 40.

Ordnungsnummer	Hauptwerte									
0	**1**	—	—	—	—	—	—	—	—	—
1 bis 10	1,06	**1,12**	1,18	**1,25**	1,32	**1,40**	1,50	**1,60**	1,70	**1,80**
11 „ 20	1,90	**2,00**	2,12	**2,24**	2,36	**2,50**	2,65	**2,80**	3,00	**3,15**
21 „ 30	3,35	**3,55**	3,75	**4,00**	4,25	**4,50**	4,75	**5,00**	5,30	**5,60**
31 „ 40	6,00	**6,30**	6,70	**7,10**	7,50	**8,00**	8,50	**9,00**	9,50	**10,00**

Da die Normungszahlen Potenzen von 10 sind, ergeben sich folgende Regeln für das Rechnen:

1. Produkte und Quotienten aus Normungszahlen sind wieder Normungszahlen (z. B. $10^{4/40} \cdot 10^{6/40} = 10^{10/40}$ oder: 4. Glied × 6. Glied = 10. Glied; 1,25 × 1,40 = 1,80)[2].

2. Ganzzahlige Potenzen von Normungszahlen sind wieder Normungszahlen [z. B. $(10^{4/40})^3 = 10^{12/40}$ oder (4. Glied) · 3 ≈ 12. Glied; $(1{,}25)^3 \approx 2{,}00$].

3. Die Zahl π liegt der Normungszahl 3,15 sehr nahe. Somit gehören zu den nach z. B. R 20 gestuften Kreisdurchmessern ebenso gestufte Umfänge, Wege je Umdrehung, Drehzahlen, Übersetzungsverhältnisse, Flächeninhalte, Widerstandsmomente, Rauminhalte, Liefermengen usf.

Nach den Normungszahlen gestuft (oder ihnen angenähert) sind die Normdurchmesser (DIN 3, vgl. S. 31), die Blattgrößen (S. 4), die Schriftgrößen (S. 6), ferner Drehzahlen, Riemenscheibendurchmesser, Schnittgeschwindigkeiten und Vorschübe für Werkzeuge, Querschnitte

[1] Vgl. das Normblatt DIN 323 (3. Ausgabe, Oktober 1939, Bl. 1 u. 2) und Prof. Dr.-Ing. O. Kienzle: Die Normungszahlen und ihre Anwendung. Z. VDI, 83 (1939) S. 717/24.

[2] Die Stufen der Reihe R 10 zwischen 1 und 10 lassen sich leicht im Kopf ausrechnen:

	1,00	—	—	—	—	—	—	—	—	—	10,00
durch Verdopplung	—	—	—	2,00	—	—	4,00	—	—	8,00	—
durch Hälftung . .	—	1,25	—	—	2,5	—	—	5,00	—	—	—
$\approx \pi/2,\ \pi,\ 2\pi$ . .	—	—	1,6	—	—	3,15	—	—	6,3	—	—
dann folgen . . .	—	12,5	16	20	25	31,5	40	50	63	80	100usf.

von Schneidstählen usf. Auf die Anwendung der Normungszahlen bei der freien, nicht — oder noch nicht — normgebundenen Gestaltung wurde bereits im vorhergehenden Abschnitt hingewiesen.

5. Genauigkeit der Form und Lage bei kreiszylindrischen Bauteilen[1].

Auf S. 43 und 44 habe ich ausgeführt, daß durch die Grenzmaße allein die Form und Lage von Wellenabsätzen oder Bohrungen nicht genügend gekennzeichnet wird. Ich füge im Anhang einige Angaben über Lochmittenabstände, über das Fluchten und den Schlag hinzu[2].

1. Der Lochabstand. Sollen zwei Platten I und II mit je zwei Bohrungen versehen und durch Schrauben verbunden werden, so sind die Grenzmaße so zu wählen, daß die Schrauben auch beim Zusammentreffen der ungünstigsten Fälle eingeführt werden können. Schreibt man für die Mittenabstände der Löcher die Maße $N \pm A$ (z. B. $= 80 \pm 1$) und für den Schraubenschaft das Größtmaß G_{Sch} vor, so ist dadurch der kleinste Lochdurchmesser K_L bestimmt (Abb. 251). Die Schrauben werden sich auch dann durchstecken lassen, wenn der Lochmitten-

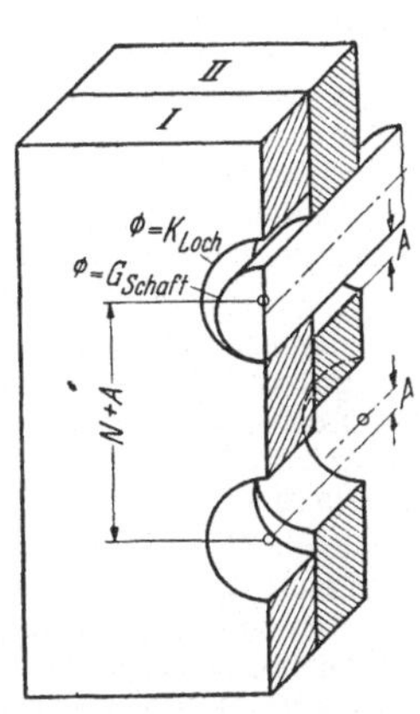

Abb. 251. Die Bemaßung des Lochmittenabstandes.
K_{Loch} = Kleinste zulässige Bohrung. G_{Schaft} = größter Schaftdurchmesser; N = Nennmaß; A = Abstandstoleranz (Symetrietoleranz). Grenzfall: Abstand in Platte I $= N + A$, in Platte II $= N - A$. Dann muß $A > K_L - G_{Sch}$ gewählt werden.

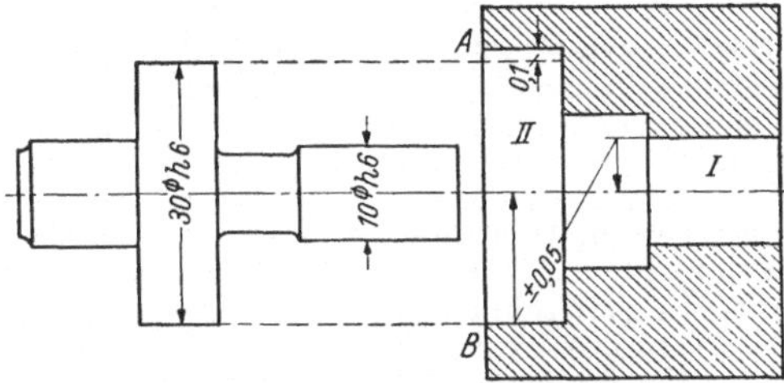

Abb. 252. Mittentoleranzen.
Im Grenzfall haben die Bohrungen I und II das Kleinstmaß und liegen um ± 0,05 außermittig. Die in I geführte Lehre mit den Größtmaßen 30,00 und 10,00 streift bei B und hat bei A ein Spiel von 0,1 mm. Somit Kleinstmaß von II = 30,1.

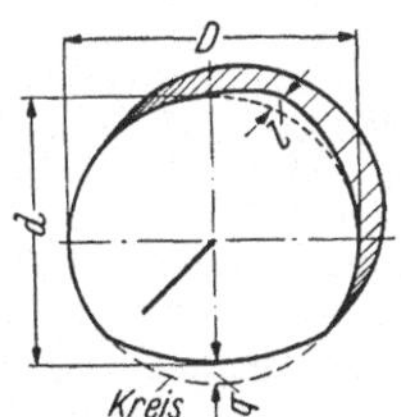

Abb. 253. q = formbedingter Querschlag. l = formbedingter Längsschlag.

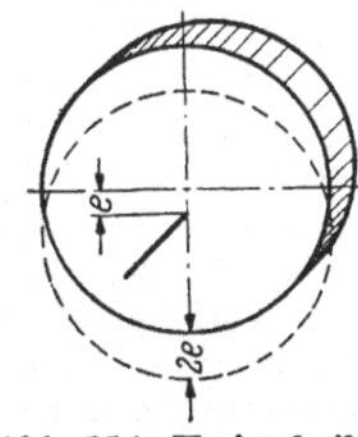

Abb. 254. Kreisscheibe außermittig gelagert. Lagebedingter Querschlag = 2e.

Abb. 253 u. 254. Der Schlag.

abstand bei Platte I den Größtwert 81 mm, bei Platte II den Kleinstwert 79 mm annimmt und alle vier Bohrungsdurchmesser den Wert K_L aufweisen. Zum Messen des Mittenabstandes dienen besondere Lehren; die Maßeinschreibung „$N \pm A$" ist nur in Verbindung mit der zugehörigen Lehre eindeutig. In ähnlicher Weise sind die Toleranzen der Lage zu berücksichtigen bei mehr als zwei Schrauben, bei Deckeln mit Zenterrand, geteilten Rädern usf.

2. Das Fluchten. Abb. 252 zeigt eine Buchse, deren Bohrungen I und II innerhalb von $\pm$ 0,05 fluchten sollen, d. h. die Bohrungsachsen sollen parallel laufen und um nicht mehr als $\pm$ 0,05 mm voneinander entfernt sein. Das Bild läßt die zugehörige Lehre und die bei den

---

[1] Vgl. C. Volk: Genauigkeit der Form und Lage. Einige Beispiele aus dem Austauschbau. Anz. Berg-, Hütten- u. Masch.-Wes., 31. Oktober 1939 und DIN-Mitteilungen, 1937, S. 177.

[2] Die Begriffsbestimmungen und Bezeichnungen sind zum Teil Werksnormen und Sondernormen entnommen, zum Teil sind sie von mir vorgeschlagen. Die Beratungen des Deutschen Normenausschusses über die Genauigkeitstoleranzen sind noch nicht abgeschlossen. Vgl. Dipl.-Ing. P. Leinweber: Toleranzen und Lehren. Berlin: Springer-Verlag 1941.

Heergerätnormen vorgeschriebene Eintragung der Grenzmaße mit Blitzpfeil erkennen. Ähnlich ist das Fluchten von Wellenabsätzen einzugrenzen (Abb. 95).

3. Der Schlag. Dreht sich eine Scheibe, deren Mantel von der Form des Kreiszylinders abweicht, um die Achse des einhüllenden Kreiszylinders, so wird ein formbedingter Schlag q quer zur Achse auftreten (Querschlag, Radialschlag, Abb. 253). Ist eine genau kreiszylindrische Scheibe außermittig gelagert, so tritt ein lagebedingter Querschlag auf (Abb. 254). Der Längsschlag kann durch die Form der Stirnfläche (Abb. 253) oder durch die Lage der Seitenebene gegenüber der Dreha hse bedingt sein. Zwischen den Angaben „Kreiszylindrisch innerhalb a mm", „rund innerhalb b mm", „Querschlag innerhalb q mm" und „Mittentoleranz" $= \pm A$ mm bestehen bestimmte Zusammenhänge, auf die hier nicht eingegangen wird. Der Konstrukteur muß auf der Werkzeichnung jene Angaben einschreiben, die der Bauaufgabe am besten entsprechen und am besten zu messen sind. In vielen Fällen sind neue Lehren nach besonderen Lehrenzeichnungen anzufertigen. Alle Form- und Lagetoleranzen sind nur eindeutig bestimmt, falls das Meßverfahren und die Meßgeräte genau angegeben werden!

6. Werkstoff und Werkstoff-Umstellung.

a) Der Werkstoff und die Zeichnung. Jüngere Konstrukteure werden in den ersten Berufsjahren nicht selbständig über die Werkstoffwahl für Neukonstruktionen zu entscheiden haben. Sie müssen sich aber bei den Werkstoffangaben auf der Zeichnung und in der Stückliste über die Eigenschaften des gewählten Werkstoffes, über die Gründe für die Werkstoffumstellung und über die Anordnungen der Reichsstellen klar sein. Da ferner vom Werkstoff die Abmessungen und die Form des Werkstückes abhängen, die Vorschriften für die Behandlung und Bearbeitung, für die Werkzeuge, die Passungen usf. so besteht zwischen dem Werkstoff und der Fertigung ein sehr enger Zusammenhang. Ich bringe daher unter **c** und **d** einige Angaben über die Wahl des Werkstoffes und die Festigkeit des Werkstoffes im fertigen Bauteil, die etwas über den Rahmen dieses Buches hinausgehen.

b) Werkstoff-Umstellung. Bei einfachen Änderungen kann der Umstellwerkstoff unmittelbar an Stelle des bisherigen Werkstoffes treten, so daß nur Änderungen in der Stückliste erforderlich sind. Meist aber wird nicht nur der aus dem Umstellwerkstoff erzeugte Bauteil andre Abmessungen, Passungen usf. erhalten und andre Fertigungsverfahren erfordern, sondern auch manche Anschlußteile, deren Werkstoff unverändert bleibt, müssen umkonstruiert werden.

Dabei ist anzustreben, daß die verlangte Werkstoffersparnis mit einem Mindestmaß an konstruktiver und fertigungstechnischer Mehrarbeit erzielt wird, damit sich die Lieferzeiten nicht verlängern. Unter Umständen kann die Einsparung an Arbeitskräften oder Werkzeugen wichtiger sein, als die Einsparung an Werkstoff. Die Entscheidung ist auch davon abhängig, ob es sich um Leicht**stoff**bau oder Leicht**form**bau, um steife (z. B. verdrehsteife) oder weiche z. B. verdrehweiche, federnde) Konstruktionen handelt.

Größere Umstellungen in der Massen- und Reihenherstellung werden meist nicht von einem einzelnen Werk, sondern von den Fachgruppen auf Grund von Versuchen und gemeinschaftlichen Vorarbeiten durchgeführt (Sparstoffkommissare, Umstellbeauftragte). In Tafel X sind als Beispiel drei Zeilen aus den Werkstoffauswahllisten wiedergegeben, welche die Fachgruppe Werkzeugmaschinen aufgestellt hat.

Hier sei noch kurz auf die Zweistoff-Konstruktionen hingewiesen. In neuerer Zeit setzt man Bauteile, die an verschiedenen Stellen ganz verschiedene Werkstoffeigenschaften aufweisen sollen, aus zwei unlösbar miteinander verbundenen Werkstoffen zusammen.

So werden in Kolben aus Leichtmetall härtere Ringträger aus legiertem Gußeisen eingegossen; Bremstrommeln aus gepreßtem Blech werden mit einem Bremskranz aus Schleuderguß versehen; durch Schmelzschweißen oder Abschmelzschweißen werden härtere und weichere Stahlsorten miteinander verbunden. Auf Stahlbleche wird dünnes Kupferblech aufgewalzt („plattiertes" Blech), Schienen (sog. Verbundgußschienen) erhalten harten Kopf und weicheren Steg und Fuß, Führungskörper aus Stahl erhalten aufgespitzte Führungsleisten, Radkörper aus Stahl erhalten aufgegossene Bronzekränze, Grundschalen aus Stahl werden mit einem Ausguß aus Bleibronze versehen usf. (vgl. Abb. 237 u. 241).

Dabei ist darauf zu achten, daß sich die beiden Werkstoffe gut miteinander verbinden und daß die Unterschiede in den Ausdehnungsbeiwerten bei den zu erwartenden Temperaturen keine gefährlichen Wärmespannungen verursachen. (Es darf aber nicht übersehen werden, daß bei Teilen, die häufig erneuert werden müssen, die Zweistoff-Konstruktion die Verwertung der Altstoffe erschwert.)

c) Die Wahl des Werkstoffes wird durch Betriebsanforderungen, Herstellungs- und Beschaffungsfragen bestimmt.

Den Betriebsanforderungen muß der Werkstoff während der gesamten Betriebsdauer hinsichtlich Festigkeit, Härte, Dehnung, Korrosionsbeständigkeit, Verschleiß, Ermüdung, Wärmeleitfähigkeit usw. genügen. Hierzu gehört eine genaue Kenntnis der Beanspruchungen und Kräfte, die durch Rechnung und Erfahrung erfaßt werden.

Die Frage der Herstellung und der Bearbeitbarkeit hat einen großen Einfluß auf die Werkstoffwahl. Hier ist die Zusammensetzung des Baustoffes entscheidend, ob er gießbar, schmiedbar, schweißbar oder ziehbar ist, ob er vergütet oder gehärtet werden kann und in welchem Maße die angegebenen Festigkeitszahlen und sonstige Eigenschaften eingehalten werden (besonders wichtig für Reihenbau). Angaben hierüber geben die Werkstoffhersteller und die Werkstoffnormen[1].

Außerdem muß geprüft werden, ob sich der beabsichtigte Werkstoff auf den vorhandenen Maschinen und mit den vorhandenen Werkzeugen bearbeiten läßt (Automaten, Spezialmaschinen, Schnitthaltigkeit und Genauigkeit der Werkzeuge usf.). Stähle sehr hoher Festigkeit erfordern teuere Werkzeuge und verursachen (abgesehen vom Schleifen) großen Werkzeugverschleiß. Die langen Herstellungszeiten wirken sich auf die Wirtschaftlichkeit und die Lieferfristen ungünstig aus. Hier sind auch die verschiedenen Härteverfahren ausschlaggebend. Lassen Beanspruchung und Bearbeitung eine völlige Durchhärtung des Werkstoffes zu, so ist dieses Verfahren das einfachste und billigste und für die Reihenfertigung sehr erwünscht (Kugellager). Oft aber werden zäher Kern und harte Oberfläche gefordert (Zahnräder, Bolzen, Kurbelwellen usw.) was nur durch Oberflächenhärtung (Einsatz-, Nitrier- und Flammenhärtung) erreicht werden kann.

Sehr wichtig ist die Beschaffungsmöglichkeit, sowie Preis und Lieferzeit. Zweckmäßigerweise sollen die Werkstoffe benutzt werden, die am Lager vorrätig sind oder laufend ergänzt werden. Bei Verwendung von Werkstoffen, die nicht am Lager vorhanden sind, muß man sich darüber klar sein, daß die Lagerhaltung dadurch meist vergrößert und verteuert wird. Beachtung erfordern weiterhin die Rohstofflage (sparsamste Verwendung von Sparstoffen vor allem bei Großserien), die besonderen Vorschriften von Behörden, die Bestimmungen für Auslandslieferungen (See- und Tropenbeständigkeit, Sonderausführung) usf.

Ist ein bestimmter Werkstoff festgelegt, so muß nun andererseits durch Formgebung, Passung und geeignete Bearbeitung auf die den Werkstoff kennzeichnenden Eigenschaften Rücksicht genommen werden.

Werkstücke die nach teilweiser oder abgeschlossener Fertigbearbeitung noch warm behandelt werden (glühen, vergüten, härten), müssen so ausgebildet sein, daß der Verzug sich in möglichst kleinen Grenzen hält. Diese Forderung erfüllen am besten einfache und symmetrische Formen. Bei nicht vermeidbaren Spannungsspitzen durch Kerbwirkung (Nuten, Gewinde, Löcher, zu kleine Abrundung usw.) ist auf die vorhandene Kerbzähigkeit und Dehnung des Werkstoffes zu achten. Abgesehen von Bauteilen, deren Werkstoff grundsätzlich nach den Gesichtspunkten hoher Warmfestigkeit oder Zunderbeständigkeit gewählt wird (Zylinder, Turbinenschaufeln, Kesselrohre, Auspuffrohre usw.), muß auch bei Werkstücken mit nur vorübergehenden oder seltenen Temperaturspitzen eine mögliche Gefügeänderung in Rechnung gezogen werden (Zahnräder, Schaltkupplungen usw.).

Die gleichen Veränderungen treten auch dann auf, wenn vergütete Stahl- oder Leichtmetallteile mit anderen verschweißt oder hart verlötet werden sollen. Der ursprüngliche Zustand in bezug auf Spannungsfreiheit, Festigkeit und Härte kann im allgemeinen nur durch nochmalige Wärmebehandlung wieder erreicht werden. Hierbei ist wiederum die Formgebung des Werkstückes und die Möglichkeit einer Nachbearbeitung zur Beseitigung des Verzuges ausschlaggebend. Bei nitrierten Stählen muß das Wachsen der Werkstoffoberfläche bei Festlegung der Passungen und Spiele berücksichtigt werden (Flankenspiel bei Zahnrädern).

Auf die Verschiedenheit der Wärmeausdehnungszahlen ist besonders da zu achten, wo beispielweise Stahl- und Leichtmetallteile zusammengebaut werden. Für Stiftschrauben, Gewindebuchsen, Buchsen für Gleit- und Kugellager und andere Bauteile aus Stahl, die fest in einer Bohrung eines Leichtmetallgehäuses sitzen sollen, müssen besondere Maßnahmen getroffen werden, die ein Lockerwerden bei Erwärmung des Gehäuses verhindern. Umgekehrt muß bei gußeisernen Gehäusen und Gleitlagerbuchsen aus Bronze oder Aluminium beachtet werden, daß bei Erwärmung das Spiel zwischen Welle und Lagerbuchse sich verringert.

Stopfen zum Abdichten von Blindlöchern für Ölbohrungen u. dgl. sind, damit sie dauernd dicht bleiben, nach Möglichkeit aus Werkstoffen ähnlicher Wärmeausdehnung zu fertigen wie das Gußstück (Gußeisen mit Stahlstopfen, Silumin mit Duralstopfen).

Bei aufeinander gleitenden Flächen (Führungen, Lager, Kupplungslamellen, Zahnräder) aus verschiedenen Werkstoffen muß auch die Wärmeleitfähigkeit durch geeignete Gestaltung

---

[1] Siehe das Werkstoffhandbuch (Verlag Stahleisen) und das Handbuch der Werkstoffe (N.E.M.-Verlag, Berlin).

der Bauteile berücksichtigt werden (Wärmestauung, Verziehen). Die Unterschiede der Wärmeleitfähigkeit der dafür in Betracht kommenden Werkstoffe (Stahl, Bronze, Aluminium, Kunstharz) sind bedeutend.

Die meisten Metalle, vor allem Magnesiumlegierungen, sind ohne besondere Maßnahmen sehr unbeständig gegen atmosphärische Einflüsse. Da einfache Anstriche oft nicht genügen, sind eine Reihe von Verfahren zum Schutze der Oberfläche gegen Korrosion entwickelt worden (eloxieren, kadmieren, verchromen, brünnieren usw.). Bei an sich fest miteinander verbundenen Teilen (Verschraubungen, Kugellagersitze usw.) treten zuweilen Freßstellen an den berührenden Oberflächen durch kleinste Bewegung (Reiboxydation) gegeneinander auf, die durch Verkupfern der betreffenden Flächen oder durch die Wahl von zwei verschiedenartigen Werkstoffen (beispielsweise Stahl-Bronze) vermieden werden.

d) Die Festigkeit des geformten Werkstoffes. In den Abschnitten II 1 bis II 4 wurde ausgeführt warum und wie der Konstrukteur den Bauteilen eine werkstattreife, eine werkstattgerechte Form geben muß. Hingegen ist die Berechnung der Form, die Gestaltung der Bauteile mit Rücksicht auf die angreifenden Kräfte und den Widerstand des geformten Werkstoffes nicht Gegenstand dieses Buches. An anderer Stelle habe ich ausgeführt[1], daß jeder Ingenieur, der Bauteile entwirft oder untersucht oder überwacht, sich mit der Lebensdauer dieser Teile beschäftigen muß. Ein Konstrukteur, der die Aufgabe übernimmt, eine Dieselmaschine für 1000 PS zu bauen, ist für den Angriff auf Zylinder, Kolben, Ventile usf. verantwortlich. Da er aber den Werkstoff auswählt und gestaltet, ist er auch für die Abwehr, für den Schutz des geformten Werkstoffes verantwortlich — Angriff und Abwehr liegen in einer Hand. Durch einen einmaligen oder mehrmaligen oder dauernden Angriff kann eine Formänderung der Bauteile eintreten (Gewaltbruch, Dauerbruch, Verziehen, Verschleiß, Verrosten, Heißlaufen usf.). Demgegenüber ist Ziel der Abwehr die Formbehauptung. Dabei ist das Wort Form in seiner allgemeinsten Bedeutung aufzufassen, also: äußere geometrische Form, Form des Querschnittes, Form und Güte der Oberfläche, Form des Werkstoffgefüges, vielleicht sogar Form und Aufbau des Atomgitters.

Soll eine ausreichende, wirtschaftlich tragbare Lebensdauer gewährleistet werden, so muß zwischen der Wirkung der abwehrenden und angreifenden Einflüsse, die man durch geeignete Verhältniswerte V und v messen kann, ein Sicherheitsabstand V—v verbleiben. Der einfachste Fall wird durch den Abstand zweier Punkte dargestellt. Dieser Punktabstand, der auch in der Formel Sicherheit $S = V/v$ enthalten ist, entspricht aber keinesfalls den wirklichen Verhältnissen. Die Mittelwerte von V und v sind zeitlichen und örtlichen Schwankungen unterworfen, und zu jedem Mittelwert gehört ein Streubereich. (Der Begriff der Streubreite und der Häufigkeit, der uns ja von der Großzahlforschung her vertraut ist, sei zunächst auf der Abwehrseite an einem Beispiel erörtert. Zwei Werkstätten stellen 50 Kranhaken gleicher Bauart aus dem gleichen genormten Stahl her, aber von vier verschiedenen Hütten und aus acht Schmelzen. Es ist klar, daß die Festigkeitseigenschaften dieser 50 Haken nach dem Schmieden, der Bearbeitung und dem Einbau um mindestens ± 20% von den Mittelwerten abweichen.)

Hat der Konstrukteur bei einer Neuausführung Höhe und Art des Angriffes und der Abwehr festgestellt und erscheint ihm der Abstand V—v zu gering oder will er Werkstoff einsparen, ohne V zu erhöhen oder v zu verringern oder soll der bisher verwendete Werkstoff durch einen neuen Werkstoff mit anderen Eigenschaften ersetzt werden, so muß er an die Beantwortung der folgenden zwei Fragen herantreten:

A. Wie kann man die zerstörenden Einflüsse vermindern oder begrenzen?

B. Durch welche Maßnahmen kann man den geformten Werkstoff schützen, seinen Widerstand erhöhen?

Zu Frage A:

a) Verlegen der Gefahrenpunkte[2]. b) Verringern der Streuung. c) Ändern des Verfahrens oder der Betriebsbedingungen. d) Ausschalten ungünstiger Nebenwirkungen (Korrosion, Reibung). e) Begrenzen der Beanspruchung (Brechtöpfe bei Walzwerken, Sicherungsstifte und Scherbolzen bei Pressen); Abfangen von Stößen (Sicherheitskupplungen, Rutschkupplungen); Dämpfen von Schwingungen usf.

Zu Frage B:

a) Verlegen der Gefahrenpunkte. b) Verringern der Streuung. c) Anwenden der folgenden Schutzmaßnahmen:

---

[1] Vgl. den letzten Absatz auf S. 91.

[2] Durch dieses Verlegen soll ein örtliches oder zeitliches Zusammentreffen des stärksten Begriffes mit dem geringsten Widerstand vermieden werden.

1. Verändern der Zusammensetzung des Werkstoffes durch Hinzufügen von Schutzstoffen.

2. Verändern der Oberfläche des Werkstückes durch Herstellen oder Aufbringen von Schutzschichten — Farbanstriche, aufgespritzte oder aufgewalzte Metallüberzüge, Härteschichten, Oxydschichten (Eloxalverfahren), aufgeschweißte Schichten, Zweistoffkonstruktionen usf.

3. Erzeugen von Schutzspannungen, die den zerstörend wirkenden Spannungen, den Störspannungen, entgegengerichtet sind (z. B. durch Oberflächendrücken); Abbau schädlicher Eigenspannungen.

4. Zielbewußte Abänderung der äußeren Form durch Verwenden von Schutzformen (z. B. Schutzformen bei Schrauben, Muttern, Ketten, Lasthaken, Zapfen, Naben, gegossenen Kurbelwellen, Schweißverbindungen usf.).

Ähnlich wie bei neuen Entwürfen wird man auch bei größeren Abänderungen alter Ausführungen vorgehen müssen. Grundsätzlich wird die Änderung veranlaßt sein durch einen erkannten und zu behebenden Nachteil oder durch einen anzustrebenden oder an anderer Stelle bereits erreichten Vorteil, oder endlich durch eine Forderung, die von der Verbraucherseite ausgeht. Dabei sind sowohl die Nachteile wie die Vorteile zeitlich bedingt. Oft ist das Gewicht entscheidend, oft die Lieferfrist, der Werkstoff, der Verschleiß, die Dauerfestigkeit, das Verhalten der Bauteile bei hoher Temperatur, die Art des Betriebes (Stöße, Überlastungen) usf.

Aus einer von mir in einem bestimmten Fall durchgeführten Untersuchung sei angeführt, daß sich eine einzelne Änderung, z. B. die Änderung des Werkstoffes ausgewirkt hat auf die Werkstoffkosten, die Form, das Stückgewicht, das Leistungsgewicht, die Sicherheit, die Steifigkeit, die Wärmedehnung, die Oberflächengüte (Laufeigenschaften, Korrosion), die Herstellungszeit und die Austauschbarkeit. (Vgl. auch C. Volk: Das erweiterte Wöhlerbild, das neue Spannungsbild, Metallwirtsch. 1938, S. 1167 und Lebensdauer der Bauteile, Ausnutzung des Werkstoffes, Metallwirtsch. 1939, S. 636. Ferner C. Volk: Vom Wöhlerversuch zum neuen Wöhlerbild, Glasers Ann. 1942, S. 113—116 und C. Volk: Zeitfestigkeit und Betriebshaltbarkeit, 1942, S. 303—305.)

Tafel X. Auszug aus den Werkstoffauswahllisten für den Werkzeugmaschinenbau. Ausgabe Oktober 1941. Die Listen umfassen 9 Werkstoffe für Spindeln und Wellen, 8 Werkstoffe für Zahnräder, 11 Werkstoffe für Haupt- und Nebenlager usf. Aus der Liste für Lager sind in Tafel X 3 Werkstoffe wiedergegeben.

Nr.	Werkstoff	DIN-Nr.	Kurzzeichen	Legierungsbestandteile	Ausführung	Besondere Bedingungen[1]	
4	Aluminium-Mehrstoff-Bronze	1714	G Al—M—Bz Al—M—Bz	bis 6 Sn mindestens 85 (Cu+Al) Zusätze	möglichst Verbundlager[2]	H N	Für niedrige Gleitgeschwindigkeiten und hohe Flächendrücke, Laufstellen der Wellen gehärtet (mind. 45 Rc)
6	Zinnarme Blei-Lagermetalle	1703 U	Lg Pb—Sn 6	73—80 Pb 14—17 Sb 5— 8,5 Sn	Ausguß	H N	Hauptsächlich f. Schleifmaschinen und große Lager-∅
8	Feinzink-Legierung	—	G Zn—Al 4—Cu 1	3,6 —4,3 Al 0,7 —1,2 Cu 0,02—0,06 Mg Rest Feinzink		H	Für niedrige und mittlere stoßfreie Beanspruchungen bewährt,
			G Zn—Al 10—Cu 1	9—11 Al 0,5 —0,8 Cu 0,02—0,05Mg RestFeinzink		N	für hohe Beanspruchungen noch in der Erprobung

[1] H = Hauptlager (Lager für Arbeitsspindeln).
N = Nebenlager.
Gegossene Lager sind zwecks Gütesteigerung möglichst im Schleuderguß- oder ähnlichem Verfahren herzustellen.

[2] Verbundlager haben Stützschale. Für Vollager mit größeren Wandstärken ist Ausnahmegenehmigung erforderlich. (Für Verbundlager ohne Ni-Gehalt nicht notwendig).

Tafel XI.

Zwei Angaben aus dem

Werkstoffblatt W 4001, Dezember 1942, Großfördergeräte für Braunkohlengewinnung im Tagebau.

10. Schneckengetriebe (Schnecken und Schneckenräder).
$c = 60$—$110\ \text{kg/cm}^2$.

Früher: Schneckenrad: GBz 14 (Metallklasse 360)
GBz 10 (Metallklasse 360).

Bewährt: a) Schneckenrad: Stahlguß St 52.81
Schnecke: GBz 14 (Gewichtsersparnis an Bronze bis 90% gegenüber der Ausführung Schneckenrad aus GBz 14 und Schnecke aus Stahl).
Schmierung: Tauchölschmierung.

b) ......

c) für hochbelastete Schneckenräder bei Lasthebewerken (z. B. für Winden von Auslegern usw.):
Schneckenradkranz: Sondermessung[1] (Metallklasse 355).
Schnecke: Stahl gehärtet und geschliffen.
Schmierung: Tauchölschmierung.

Als Austauschwerkstoff empfohlen[2]:
Schneckenrad: Stahlguß St 52.81.
Schnecke: Stahl mit elektrisch aufgeschweißter Aluminium-Bronzeschicht[3] (Metallklasse 364). Gewichtsersparnis an Bronze bis 97% gegenüber Schneckenrad massiv aus Bronze.

[1] Erprobt: „Mirus-Bronze“ ....
[2] ...... Versuche der Firma O. Gruson & Co. ......
[3] ...... Corrix-Elektroden ......

Tafel XII.

Angaben über Längslager aus der Werkstoffeinsatzliste Dampfturbinen, WEL 4 221 900.

(Gem. Anordnung E IV/M IV der Reichsstelle Eisen und Metalle, vom Arbeitsstab für Metallumstellung anerkannt.)

Nr.	Gegenstand und Ausführung	Werkstoff	Metallklasse	Stahlklasse
1	....	—	—	—
	....	—	—	—
	Längslager (Spurlager, Drucklager)			
	Stützkörper	Gußeisen, Stahl	—	—
	Überzug zur Bindung der Ausgüsse . .	L Sn 60	343	
	Gleitschicht:			
	a) Zweistofflager	Sn 80	383	—
	aufgegossen	Sn Bz 6	360	—
	plattiert.	—	—	—
	b) Dreistofflager:	Lg Pb—Sb 16	372	—
	Gleitschicht	Lg Pb—Sn 5	372	—
		Lg Pb—Sn 10	372	—
	Notlaufschicht	Pb Bz 25	364	—